和坏心情说再见

情绪管理

刷刷 著

希望出版社

图书在版编目（CIP）数据

和坏心情说再见 : 情绪管理 / 刷刷著. -- 太原 : 希望出版社, 2025. 3. --（女生成长小红书）.

ISBN 978-7-5379-9316-6

Ⅰ. B842.6-49

中国国家版本馆CIP数据核字第2025NP7832号

HE HUAI XINQING SHUO ZAIJIAN QINGXU GUANLI

和坏心情说再见 情绪管理

刷 刷 著

出版人：王 琦		**美术编辑：**安 星	
项目统筹：翟丽莎		**封面绘图：**赵倩倩	
责任编辑：乔 艳		**装帧设计：**安 星	
复 审：翟丽莎		**责任印制：**李 林	
终 审：王 琦			

出版发行：希望出版社

地 址：山西省太原市建设南路21号

开 本：880mm×1230mm 1/32 **印 张：**5.5

版 次：2025年3月第1版 **印 次：**2025年3月第1次印刷

印 刷：山西基因包装印刷科技股份有限公司

书 号：ISBN 978-7-5379-9316-6 **定 价：**29.00元

目录

不良情绪阻击战

你知道一个人产生不良情绪时最好的解药是什么吗？爱！是的，当你面临烦恼，需要一个释放压力的渠道时，你得让"爱"来替你分担。

虽然已是秋天，但酷热还没有离开的意思，一大早，太阳就已经送出阵阵热浪，烤得人们坐立不安。

小静几乎没有吃早餐，只喝了一杯牛奶便出门了。

走在马路上，耳边回响着妈妈的唠叨："现在考重点中学比考大学都难，只有考上重点中学，你

才能离大学的校门更近一步……"

这些话小静不知道听了多少回。她不明白，妈妈为什么一大早就不让人清净，说这些烦人的话难道不怕她一天心情都不好吗？唉，在这种唠叨下，怎么有胃口吃早餐？

树上的知了扯着嗓门大叫，叫得小静心里一阵烦闷。炙热的太阳烤着大地，路边花坛里，一朵野菊花探出头来，无精打采地朝路人张望着。小静有点同情它，不由自主地停下来。多么可怜的一朵小花！瞧，它的花瓣还没有完全张开，就要遭受太阳的炙烤。

这时一辆汽车从花坛边飞快地驶过，掀起的尘土瞬间将野菊花包裹。原本已经蔫了的野菊花，头又重重地低了下去。

"与其在这里受折磨，不如我带你去一个自由、清静的天地。"小静小心翼翼地把野菊花摘了下来，

捧在手心里朝前走去。不远处是街心公园，那儿有一个干净的小湖。

进入街心公园，一阵清凉的风吹来，好舒服哦！小静的眉头舒展开，她低头看着手里的野菊花，它似乎在冲自己笑。

"一二三四，二二三四，三二三四……"小湖边，晨练的老人在做早操。小静顺着湖边的石头台阶走下去，将那朵野菊花轻轻地放在湖面上。

野菊花浮在湖面上，花瓣瞬间就舒展开来。它就像一个快乐的孩子，在水里嬉戏玩耍。

"再见，野菊花！"小静冲野菊花挥挥手，然后选了一块大石头坐下。

"孩子，你怎么不去上学？"晨练的老人锻炼结束，一边收拾东西，一边问小静，"时间不早了，再不去学校，要迟到啦！"

"嗯！"小静冲老人笑笑，可却坐在那里纹丝不动。

"上学？不，我不想去了！"小静对自己说，"今天就让我远离学校一天吧！"

小静的视线飘向远处，高高的楼房鳞次栉比，马路上，赶着上班、上学的人发出阵阵喧闹声。小静托着下巴，静静地看着湖面上漂着的野菊花。此刻，它正在风的吹动下，慢慢地，慢慢地，漂向远处……

"野菊花啊野菊花，我什么时候才能像你一样，自由自在、无忧无虑地过一天呢？"小静的眼前浮现出爸爸妈妈的身影。他们齐声说道："学习，学习，学习——考试，考试，考试——"

"啊！"小静捂着头，将脸埋进双膝中，"学习真苦、真累，心情好糟糕，好糟糕！"眼泪一下子从眼角滑落。小静再也无法控制情绪，对着湖面呜呜地哭起来。

　　不知哭了多久，她累了，看看手表，已经十一点多了。这时，小静突然紧张起来，自己上午没去学校，老师会不会给妈妈打电话？如果妈妈知道她旷课，会怎么批评她？糟糕，小静的心被一下子拎了起来。她不想回家，但是肚子饿得咕咕叫，不回家能去哪儿呢？

　　最后小静拖着沉重的步伐，走到了家门口。

　　"小静，"窗口，爸爸在冲她招手，"快回家吃饭！"

　　"嗯！"小静冲楼上的身影点点头，背着书包上楼去。

　　"饿了吧？快洗手吃饭。"爸爸笑眯眯地摸摸她的头，"今天，妈妈做了你最喜欢吃的红烧肉丸子！"

　　"哦？"小静不解地看看爸爸，又朝厨房的方向看了看。正巧，妈妈端着一盘菜出来，露出久违的笑脸："小静回来了，快，洗手吃饭。"

今天是怎么了？难道是我的幸运日？小静一头雾水。她不明白，今天自己没去上学，爸爸妈妈不生气吗？难道……难道是老师没发现她没去上学？或者还没通知爸爸妈妈？

小静疑惑地洗好手，坐到餐桌边准备吃饭。早上只喝了一杯牛奶，此刻，她饿极了，端起饭碗就吃起来。

"小静，吃青菜。"爸爸给她夹菜。

"小静，吃肉丸子。"妈妈也给她夹菜。

"谢谢，谢谢。"小静受宠若惊地端着饭碗。

记得小时候吃饭，爸爸和妈妈会不停地给她夹菜。上学后，随着课业的加重，吃饭的时候，爸爸和妈妈不但渐渐不给她夹菜了，还常常在饭桌上询问她的学习情况，隔三岔五地，吃饭时间就变成批判时间。

看着爸爸和妈妈的笑脸，小静心想：他们迟早

会知道自己上午旷课的事情，不如趁他们心情好，我主动坦白吧。想到这儿，她放下筷子，轻声说："爸爸妈妈，上午，我……我没去学校！"

"嗯。"爸爸点点头，毫不吃惊地说，"吃饭，现在先好好吃饭。"

"对，有什么话，我们吃完饭再说。"妈妈居然也没发火，还冲小静温柔地笑了笑。

今天是什么好日子？爸爸妈妈知道我旷课居然不生气，不发火？小静原本紧张不安的心一下子变得轻松下来。

吃过饭，爸爸和妈妈拉着小静坐下来。

"小静，你是不是觉得最近学习很累？"爸爸和蔼地问，"周末我带你去游乐场玩玩，好吗？"

"小静，妈妈平时说话太生硬，我以后注意，好吗？"妈妈温柔地说，"我是个急性子，说话、做事急躁，以后妈妈注意！"

"爸爸妈妈！"小静看着爸爸妈妈，鼻子一酸，忍不住哭起来，"我今天……我今天上午没有去上学，我……我……我旷课了！"小静一边呜咽，一边承认自己的错误。

　　如果在以前，爸爸妈妈肯定会骂她一顿，可是今天，他们不但没有骂小静，反而一个劲地安慰她。

"我们明白，你不是故意旷课的，而是因为心情烦闷，想逃避，对吗？"

"没事，没事。爸爸妈妈也当过小孩，我们能理解你。"

"嗯！"在爸爸和妈妈的安慰下，小静原本烦闷的心放晴了，她抬起头对爸爸妈妈说，"其实我也不知道为什么，就是心烦，就想躲在安静的地方喘口气！"

"说来说去都怪我！"妈妈抱歉地说，"如果妈妈少给你一些压力，不把你当成学习机器，你就不会这么烦躁了。以后，妈妈在学习上少干涉你，但是，我希望你能把学习放在第一位，好不好？毕竟妈妈苦口婆心地督促你学习，是希望你将来能有出息，生活压力不要太大，你明白吗？"

"嗯！"此刻的小静能不明白吗？她当然理解妈妈之所以总是让她学习，是希望她有个光辉灿烂的未来！

"小静，爸爸可以给你提个建议吗？"爸爸拿起小静书桌上的一本书，"这种书我建议你不要再看了，因为它会让你的心情越来越糟糕，你年纪还小，不能理解书里面的东西，容易产生沉闷、悲伤等不良情绪。"

"好的，爸爸。"小静点点头。

"以后心情不好，千万不要再自己憋着了，不妨和爸爸妈妈谈谈心。"妈妈对小静说。

"嘻嘻，我不会了。"小静顽皮地冲妈妈吐吐舌

头，"好了，我要去学校了，下午有我最喜欢的音乐课。"

"好，今天的事情到此结束。"爸爸拍拍手，提议道，"今天爸爸和妈妈一起送你去上学。"

"啊？这不好吧？我都这么大了！"小静扭捏地摇了摇头。

"其实，"爸爸顿了顿，说，"小静，你发现了吗？我们小区后面的秋海棠已经开了，我和妈妈送你的时候，咱们可以顺便赏赏花。"

"好！"妈妈和小静一齐点头。

于是，妈妈挽起爸爸的左胳膊，小静挽起爸爸的右胳膊，幸福的一家人朝那一树秋海棠走去……

让灿烂青春充满阳光

　　成长中的女生，也许经常会产生一些不良情绪。下面我们来看看不良情绪的表现通常有哪些吧！

　　1. 总感觉无精打采，对什么事情都提不起兴趣。精神不够饱满，有时会莫名其妙地紧张和焦虑。

　　2. 经常自责、内疚，对某件事耿耿于怀，听不得别人的评议，常常怀疑自己不够好。

　　3. 不喜欢参加集体活动，也不爱和同学交流。在班里没有什么朋友，上课很少发言。

　　4. 没有食欲，看到好吃的食物也吃不下多少。睡觉的时候，翻来覆去难以入眠。

5. 经常想象自己得了怪病，并想以此赢得父母或老师的疼爱。

6. 遇到困难和打击的时候，会往不好的方向想。

7. 看见不喜欢的老师或同学，会想办法躲开。

8. 喜欢听悲伤的歌，觉得自己很可怜，没有人理解自己。

9. 不喜欢室外活动，不喜欢阳光明媚的日子。

其实，短期内产生不良情绪是一种正常的心理现象。青春期的女生处于成长阶段，容易敏感和多疑。如果学习负担过重，或者遭遇一些变故，便会加重不良情绪的产生。

有些女生不能客观地评价自己，总觉得自己不如别人，把自己想象得很差，特别是和出色的同学相比较时，喜欢拿自己的弱点来否定自己，看不到自己的闪光处。长期处在这种心理压力中，女生会把自己与"失败""无能"等负能量词语画上等号。这种否定自己的行为会令女生无法全面客观地评价自我，时间长了，就会让自己的心态丧失积极的一面。

不良情绪容易让女生的性格和行为变得古怪，显得与

周围的人格格不入。如果你觉得自己有不良情绪时，不妨吃点"药"，而最好、最安全有效的"药"便是"说出来"。面对烦恼，要学会寻找释放的渠道，学会向亲近的人倾诉内心的烦恼，如父母、朋友、老师，把自己的"不快乐"告诉值得信赖的人，让自己感受到周围人的关心、呵护与爱，让灿烂的青春充满阳光。

女生小攻略

战胜不良情绪的方法

　　不良情绪不可怕，可怕的是你不知道如何赶跑它。怎样才能轻松地将不良情绪赶跑呢？来学学下面的方法吧！

　　1. 学会遵守秩序。上学准时到校，在学校努力上好每一节课，课余和同学一起玩，放学早点回家完成作业，不去乱七八糟的地方闲逛。

　　2. 合理打扮自己。平时注意个人卫生，穿衣、穿鞋干净整齐，不穿不适合女生的成人服装，不随便化妆和染发。

3. 要时刻告诉自己，学习是让自己变得更优秀的途径，不要痴迷游戏和不良书籍。

4. 生气的时候要学会自我安慰，比如对自己说"这是小事，不要放在心上"。对人、对事要宽宏大度。

5. 平时多培养自己的竞争意识、挑战意识，主动承担一些班级事务，并鼓励自己，相信自己能完成。

6. 平时与同学交往，注意礼貌、礼仪，不要因为是好朋友而忽略。

7. 当别人心情不好的时候，学会倾听，不要总当说话的人，也要学会做倾听者。

8. 不要拿自己的学习成绩、家庭背景与其他同学比较，无论你如何比较，你依然是你，你依然生活在自己的家里。要牢记：每个人都是独一无二的，每个人的家庭都有别人看不到的幸福。

9. 学会把自己看见和遇到的美妙的事情、幸运的事情记录在日记本中。

10. 失败的时候，要主动寻求别人的帮助。如果做了错事，无须遮掩，不妨坦白，以赢得别人的谅解。

11. 多和班里健谈的同学交往，多参加集体活动。

12. 每天坚持锻炼身体，让自己充满活力。

13. 多晒太阳，多吃蔬菜、水果，可适当看一些有趣的书籍，释放压力。

欣赏是良方

2

如果嫉妒他人比自己优秀，不妨暗示自己：他比我优秀，我应该感到高兴，因为我又多了一个学习的榜样。慢慢地，你会发现，这样做比嫉妒他人更能收获快乐和友谊。

晚饭后，宁儿和妈妈在楼下散步，看到丽丽和她妈妈急匆匆地走过来。

"丽丽，你穿得这么漂亮要和妈妈去哪儿？"宁儿的妈妈走过去和丽丽她们打招呼。

"我们去上钢琴课，过几天钢琴考级，我家丽丽这次一定能考过八级。"丽丽的妈妈刚才还风风火火地赶路，看见宁儿和她妈妈，忍不住停下来夸赞起女儿，"我们家丽丽练琴特别认真，已经坚持五年了！"

"真不简单！真不容易！"宁儿的妈妈冲丽丽竖起大拇指，"丽丽考过八级后要请我们吃糖哦！"

"谢谢阿姨的鼓励。"丽丽冲

宁儿的妈妈甜甜一笑，然后看向宁儿，"宁儿，你上次二胡六级考过了吗？"

"哼！"宁儿生气地哼了一声，心想：这个可恶的丽丽，明知道我上次二胡考六级没过，居然还在我妈妈面前问我。

果然，不等宁儿说话，妈妈就黑着脸数落："我们家宁儿拉二胡拉了这么多年，一点长进都没有！唉，我看她以后还是不要学了。"妈妈说到这里，无奈地摇摇头。

可恶！宁儿很生气，心想：讨厌的丽丽，为什么要在我妈妈面前卖弄？就你了不起？

"宁儿，看，我这条裙子好看吗？这是我爸爸出差买给我的。"丽丽显然没发现宁儿已经生气了，继续展示，"美不美？"

"美美美，你臭美！"宁儿没好气地冲丽丽说，"你皮肤这么黑，穿这条裙子真难看！"

也许宁儿的话正中丽丽的要害，丽丽顿时窘迫地闭上了嘴。

"宁儿，你胡说什么？"宁儿的妈妈赶紧说，"丽丽眼睛大、鼻梁高，怎么看都是小美女！这条裙子的花色和款式这么新颖，丽丽穿着真漂亮！"

"谢谢阿姨。"丽丽的脸上又露出了笑容。

"我们赶时间，先不聊了。"丽丽的妈妈挥挥手，然后带着丽丽匆匆走出了小区。

看着她们的背影，宁儿在心里忍不住嘀咕："不就弹个钢琴嘛，牛什么牛？她的花裙子真好看，还是在外地买的，如果给我穿，一定会很漂亮吧！"

"宁儿，你要多学学丽丽！看人家，读书成绩好，弹琴又顺利考级……"妈妈带着宁儿继续散步，可是她絮絮叨叨的话让宁儿变得十分烦躁，心里不禁更讨厌丽丽了。

其实，宁儿以前很喜欢丽丽，和她还是好朋友呢！

那时，她们一起玩，一起写作业，一起画画。可到了小学高年级，随着课业负担加重，宁儿的成绩有所下降，丽丽的成绩却遥遥领先。丽丽不但经常得到表扬，还被选为班干部。

因为和丽丽的差距越来越大，宁儿渐渐疏远了她，还总是在想：和她在一起玩有什么好处呢？我不过是她的陪衬罢了！

　　第二天到校，宁儿刚进教室便发现班里的一些同学围着丽丽。

　　"丽丽，你的裙子好漂亮哦！"

　　"丽丽，你真好看！"

　　被同学们簇拥着的丽丽露出开心的笑容，看得宁儿心里直冒火。

　　"有什么了不起的？不就是条裙子嘛！"宁儿忍不住在一旁说风凉话。

　　"宁儿，你是不是嫉妒丽丽？"有同学问宁儿。

　　宁儿不屑地说："胡说八道，我才不嫉妒她呢！她有什么值得我嫉妒的？"

　　这时上课音乐响了，数学老师走进了教室。

　　"上次的数学竞赛我们班一名同学获得了全校第一名！"数学老师说道，"她就是丽丽同学！"

　　教室里响起一阵热烈的掌声。

　　宁儿则不服气地心想：可恶，为什么好事都被丽丽占了？

下课后，大家都围着丽丽，羡慕声、赞美声，各种声音听得宁儿再也坐不住了。

如果妈妈知道了，又要数落她了。不行，我得想办法气气丽丽。出于对丽丽的嫉妒，宁儿的内心变得邪恶而可怕。

怎么做才能气到丽丽呢？

宁儿想起前几天放学，丽丽和班里的娜娜闹了点小误会。

晚上写完作业，宁儿掏出信纸写了一封绝交信。当然，这封绝交信可不是替自己写的，而是替丽丽写的。

第二天，宁儿很早就到校了，她偷偷地将绝交信塞进娜娜的抽屉里。

　　很快，娜娜来上学了。她把书包塞进抽屉的时候，发现了那封绝交信。

　　"这是什么？"娜娜好奇地把信抓在手里，打开看了起来。

　　"丽丽，你这是什么意思？"娜娜把信丢在丽丽面前，愤怒地质问，"希望你以后不要再和我说话！"

　　"我……我……"丽丽百口莫辩，因为宁儿和她以前是好朋友，宁儿特别熟悉她的笔迹。这次，宁儿刻意模仿她的笔迹去写绝交信，让她想辩解也不能让人相信。

　　看着丽丽委屈、苦恼的模样，宁儿得意极了。

　　事情传到班主任的耳朵里后，她开始着手调查。当她仔细将丽丽作业本上的字迹和绝交信上的字迹比对后，班主任认真而严肃地在班里宣布："这封绝交信是有人刻意模仿丽丽的笔迹写的！猛一看是丽丽的笔迹，但是仔细比较就会发现，有些字的写法是有区别的，信是另一个人写的！"

丽丽和娜娜之间的误会解除了。娜娜不好意思地当众给丽丽道歉，丽丽原谅了娜娜。

因为这场误会，娜娜成了丽丽的好朋友。看着她们课间热火朝天地聊天，宁儿的内心又开始不好受了。

后来，她把这些事情原原本本地告诉妈妈，妈妈并没有责备她，而是给了她很好的建议。妈妈说："与其嫉妒他人，不如学着去欣赏，因为欣赏别人的优点和长处，自己也能得到提升，同时还能收获友谊。"

丽丽听后，决定马上开始行动。

刷刷姐姐
有话说

为他人的优秀鼓掌

看到其他同学的成绩超过了自己，心里便觉得很不舒服；看到自己的朋友与其他同学来往密切，便会生气、怨恨；看到别的同学获得老师的赞扬，心中便会充满妒意……这些都是女生常会出现的嫉妒心理，很多人都知道这种心理是不好的，但是又控制不了自己。

嫉妒是对才能、名誉、地位或境遇等胜过自己的人心怀怨恨，伴有焦虑、悲哀、猜疑等不愉快情绪的心理。很多女生可能因学习成绩、才貌、荣誉等不如别人而产生嫉妒心理。

如果你是嫉妒者，千万要及时调整心态。因为这种心理会导致害人又害己的结果。此刻，你应该告诉自己，每个人都有优势，心胸开阔一些，不要斤斤计较，学会换个角度看问题，这样你才能从嫉妒心理中走出来。

一些女生梦想自己成绩好、长相好、人缘好，什么都好。但是，这是不现实的。于是，有的女生那敏感、脆弱的心，便如遭遇沙子突袭的蚌肉一样，疼痛难耐。嫉妒，在这个时候如藤蔓般疯长，使得她们对自己已经拥有的一切变得毫不在乎、毫不珍惜。希望变得优秀没有错，但是不能因为嫉妒而去中伤别人。那样不但得不到自己想要的，还会失去更多，比如人缘、友情、善良等。

女生们，如果嫉妒他人比自己优秀，不妨暗示自己：他比我优秀，我应该感到高兴，因为我又多了一个学习的榜样。慢慢地，你会发现，这样做比嫉妒他人更能收获快乐和友谊。

女生们，请为他人的优秀鼓掌吧！

女生小攻略

如何摆脱嫉妒心理

当你产生嫉妒心理的时候，你可以用下面的方法去摆脱它。

1. 不要拿别人的长处和自己的短处做比较

嫉妒心理往往来源于将自己的短处与别人的长处进行比较。请牢记：别人拥有再多都与你无关，他们成功并不意味着你就成功不了。

2. 保持"比下有余"的心态

在物质方面，总有人拥有得比你多，也总有人不如你。嫉妒心理产生时，不妨看看周围，那么你将会感恩你目前所拥有的一切。

3. 珍惜已有的

不要因为尚未得到的东西而妒火中烧。想想自己有些什么，比如幸福的家庭等。将视线转移到"我拥有"而不是"我想要"，你就会找到富足感。

4. 用祝福的心态看待他人

"眼红"的时候，试着马上改变思路，将嫉妒心转换成对他人的欣赏和美好祝愿。理解他们成功背后付出的努力，真心祝贺他们，并用他们的成功激励自己。

5. 相信自己

每个人的能力体现在不同方面，发现自己的特长，明确人生目标，不要因为别人早早取得成功而心灰意冷，甚至轻易改变自己的方向，要相信自己一定会走出一条成功之路。

3 拒绝伤害别人的念头

是不是只有暴力才能解决问题？当你有暴力冲动的时候，你不妨换位思考，如果被打的是你，你会有什么样的感受？这么一想，或许你就会放下举起的拳头啦。

"乔乔，给我倒杯水来！"

一进门，乔乔发现十天半个月才回一次家的爸爸正坐在椅子上。他脸色苍白，是不是累坏了？

乔乔的爸爸是一名货车司机，平时出车送货很辛苦。可是，乔乔不喜欢他。为什么呢？因为他说话粗俗，还喜欢乱发脾气和打人。虽然他为了乔乔和妈妈在外奔波，可是……为什么他不能在家里做一个和颜悦色的爸爸呢？

"喂，死丫头，跟你说话，你听到没？快，去给我倒杯水！"爸爸粗声粗气地说。

乔乔站在他面前，冷冷地看着他，仿佛在看一个陌生人。乔乔真不愿意相信，这就是她的爸爸。虽然乔乔很想替他倒水，但是他说乔乔是"死丫头"，让乔乔心底生出了逆反心理。这是一个爸爸对女儿说的话吗？想到这里，乔乔忍不住问："让我倒水，请您说话温和些，行吗？"

"温和？我和女儿说话还要温和？"爸爸跳起来，指着乔乔破口大骂，"你个死丫头，你长大了，翅膀硬了？让你倒杯水也使唤不动了？"

乔乔看着爸爸，浑身颤抖："想喝水自己倒去！我不伺候您这样的爸爸！"

啪！爸爸一个耳光甩在乔乔脸上，打得乔乔脑袋一片空白……

"你这个死丫头，没有我在外面起早贪黑地忙，你能读书？你能吃饭穿衣？我现在让你倒杯水，你都不肯！以后我老了还能指望你？"

爸爸一边咒骂，一边恶狠狠地盯着乔乔。

乔乔脸上生疼，她的倔脾气上来了，她紧紧咬着牙，坚决不哭出声。

"气死我了！"见乔乔不吭声，爸爸靠在椅子上

喘气，"我在外面吃苦受累，回家你还气我！"

这时咯吱一声门响，妈妈回来了。

"咦，你回来了？"妈妈看见爸爸，露出笑脸，"你回来怎么不提前说一声？我可以多做几个菜给你吃！咦，乔乔，你怎么了？"妈妈走过来抚摩乔乔的脸，"脸怎么肿了？"

乔乔揉揉脸，指着爸爸说："他打的！"

"打你怎么了？我打自己的孩子，谁也管不着！"

"唉……"妈妈叹息一声，摸着乔乔的头说，"你不要惹爸爸生气，他在外面很辛苦的！"

"我……"乔乔正要说话，爸爸又冲妈妈嚷道："你看看你养的好女儿！让她倒杯

水，她居然不给我倒！我不打她才怪！"

"乔乔，你为什么不给爸爸倒水？"妈妈埋怨乔乔。

乔乔不解地看着妈妈："他骂我，我为什么还给他倒水？"

"你这孩子……"妈妈摇摇头，赶紧给爸爸倒来一杯水。

半小时后，妈妈炒好几个菜端上了桌。

"吃饭吧。"妈妈毕恭毕敬地走到爸爸面前。

"嗯！"爸爸像大老爷一样使唤妈妈，"你去路口给我买瓶白酒！"

"好的。"妈妈打开门正要下楼，爸爸又叫起来："再去马路对面买点猪头肉！"

"嗯，知道了。"妈妈点点头，出门了。

乔乔坐在餐桌边，看着桌上的菜，从心底佩服妈妈，这么短的时间妈妈居然炒了四个菜。虽然很

饿，但是想到妈妈还没回来，乔乔便咽着口水等着。爸爸呢，则一屁股坐下，抓起筷子便自顾自地吃起来。

"您怎么不等妈妈？"乔乔没好气地说，"妈妈忙了半天，我们不应该等她一起吃饭吗？"

"哼！"爸爸不理睬乔乔，吃得更欢了。

乔乔气得直冲他翻白眼。

"回来了，回来了！"妈妈带着酒和猪头肉走进来，她帮爸爸倒酒，并且把满满一盘猪头肉摆放在爸爸的面前才坐下。

"妈妈，您多吃些菜。"乔乔给妈妈夹菜，妈妈呢，反而劝乔乔："爸爸辛苦，让爸爸多吃些！"

咕咚、咕咚，爸爸端着酒杯一杯接一杯地喝酒，不一会儿，他便把一瓶白酒喝掉了大半。

"我告诉你们，"爸爸微醺地指着乔乔和妈妈，

"我在外面受苦受累，回家后你们要是不把我伺候好，我就收拾你们！去——"爸爸用力推了推妈妈，"给我倒洗脚水！"

乔乔看着爸爸的醉态，气得猛地一下站起来："您吃饱喝足就耍酒疯，您怎么这么讨厌？要洗脚自己去洗，凭什么把妈妈当仆人使唤！"

"没事，没事。"妈妈示意乔乔别多嘴，忙不迭地去拿洗脚盆。乔乔呢，不知道是怎么了，指着爸爸大声说："您以后别回家了！您一回家就烦人！"

"嫌我烦人？"爸爸眼睛一瞪，手又朝乔乔伸过来……

妈妈听到动静，跑过来拉爸爸："别把孩子伤着了！"

"你就会护着她！不是你护着，她敢教训我吗？"爸爸说到这里，把怒气撒在妈妈身上。

令乔乔无法理解的是，妈妈不但不生气，还帮

爸爸洗脚，扶他上床休息，还要求乔乔以后别惹爸爸生气。

乔乔被妈妈的软弱气得头都疼了。乔乔对自己说："我可不能做妈妈这样软弱的人。"

第二天上学，乔乔刚走到胡同口，好姐妹淘淘便急匆匆地跑过来："乔乔姐，不好了，不好了！我们的小妹妹琳琳被人欺负了！"

"嗯？琳琳怎么了？"乔乔跟着淘淘走过去，只见琳琳蹲在地上，捂着脸呜呜地哭着。

"早上，我和琳琳走到这里，隔壁班的小军在这里拦住我们。"淘淘向乔乔诉说事情的经过，"小军先对着琳琳说脏话，接着，他又打了琳琳的头……"

"可恶的小军！"乔乔握着拳头问琳琳，"他这么欺负你，你为什么不还手？"

"我……呜呜……我……我打不过他！"琳琳柔

弱地抬起头，"他长得又高又壮，很多男生都打不过他！"

"真没用，难怪别人欺负你！"乔乔拽着淘淘的手，"等放学后我们找小军算账！"

放学后，乔乔和淘淘尾随着小军，当他走进胡同后，乔乔大声喊他："小军！"

"什么事？"小军扭头看乔乔。

"我买了包薯片，想送给你吃！"乔乔笑眯眯地冲小军说。

"哈哈，薯片，我最喜欢吃了！"小军高兴地停下脚步，等乔乔过来。

"你等等，"乔乔假装从书包里掏薯片，其实是在掏装在书包里的木板。啪！乔乔拿木板打向了毫无防备的小军……

"哎哟！"小军捂着胳膊哀号，"好呀，乔乔，

你竟敢用木板打我！"

"我就打你这个大坏蛋！"乔乔不知道是怎么了，心中的怒火越来越大。

"乔乔，够了，够了！"淘淘说好和乔乔一起教训小军，此刻却拉着乔乔劝道，"你再打，小军就受不了啦！"

"饶了我吧，饶了我吧！"小军苦苦哀求，乔乔这才停了下来。

"哼，咱们走着瞧！"小军一边跑出胡同，一边指着乔乔大喊，"我不会放过你的！"

"我……"看着小军的模样，乔乔突然觉得自己变成了爸爸那样的人。

我这是怎么了？我不是最讨厌爸爸的粗暴和野蛮吗？为什么我变成他那样的人了？乔乔心里失落极了。

咚的一声，乔乔手里的木板掉在了地上……

刷刷姐姐有话说

学会做自己情绪的主人

　　乔乔的故事读来让人心酸，从暴力受害者到施暴者，这是一个令人心痛的变化过程。成长中的女生可能会因为种种不愉快而产生一些莫名的暴力冲动，伤害别人，伤害自己。

　　刷刷姐姐曾经在网上看到过一段视频：多名初中女生不断辱骂一名女生，还不断扇耳光、抬脚踹，而被打者始终没有还手，旁边几名围观者也未曾劝阻，场面看起来十分令人心痛。

　　从什么时候开始，女生逐渐变成了校园暴力事件的主角？仅仅因为看对方不顺眼，或是因为对方长得比自己漂

亮，这些莫名其妙的理由成了女生施暴的导火索。

通过乔乔的故事，我们会发现，在家庭中，父母的教育方式和教养态度对女生的成长影响重大。有人曾把女生的家庭环境分为四种类型：专制型、溺爱型、放任型和民主型。事实证明，前三种家庭环境都不利于女生的成长。尤其是在专制型家庭中，父母采取"棍棒式"的方法来督促女生做事。结果女生耳濡目染的是父母的暴力行为，不知不觉中沾染了"暴习"，遇到问题就会想到用暴力解决。乔乔就是在爸爸的反面"熏陶"下，成了实施暴力行为的典型。

另外，家庭结构上的缺陷，也会导致女生产生这样的行为。在这种失衡的家庭中，女生与父母间的亲密度很低，矛盾却较多。一方面，女生感受不到家庭的温暖，容易情绪不稳，缺少同情心；另一方面，因家庭关系紧张，父母的感情危机、家庭暴力等常常表露出来，女生的情绪往往很糟糕，人格和行为也很容易发生扭曲，导致最终采取暴力的方式来释放这些负面情绪。

因此，合理地管理自己的情绪，对于成长中的女生来说，显得至关重要。在生活和学习中，要学会做自己情绪的主人，不要被不良情绪所控制。

女生小攻略

怎样远离"暴力冲动"

女生应该如何远离暴力冲动呢？看看下面的建议吧！

1. 创造和谐的家庭环境

如果你生活在一个矛盾重重、你争我夺、气氛极不和谐的家庭环境中，耳濡目染，就可能养成一些攻击性行为习惯。你应该劝解父母，说话要和气，不要动不动就吵架。还要不停地告诫自己，大人吵架是大人的事情，千万不要受影响。

记住，千万不要学习父母或其他人的不良行为和习惯，要努力保持健康、积极的心理。

2. 选择性地观看电视节目

经常观看暴力影视作品，你会在不知不觉中做出攻击性行为。尝试看一些别的题材的影视作品吧，从中获得积极正面的力量，保持健康心理。

3. 暴力行为"冷处理"

当你发觉自己有不良情绪的时候，给自己冷静的时间。仔细想想，是不是只有暴力才能解决问题？当你有暴力冲动的时候，你不妨换位思考，如果被打的是你，你会有什么样的感觉？这么一想，或许你就会放下举起的拳头啦。

4. 在点滴小事中培养爱心

爱别人就是爱自己，对别人实施一次暴力，自己的内心也会遭受暴力的煎熬。不妨在课余时间多参加公益活动，去养老院关爱老人，去幼儿园帮助小朋友，只要你付出爱心，就会发现有爱的人会自动远离不良情绪，也就不容易有暴力冲动了。

5. 多进行体育锻炼和文艺活动

如果你精力充沛，可以和朋友一起踢球、跑步，让你的精力有地方释放。此外，多参加文艺活动，有助于消除不良情绪哦。

倾听你内心的声音

对他人和自己越宽容，就越少生气。当别人不小心惹你不高兴时，你不妨提醒一下自己：退一步海阔天空。慢慢地，你就能克制生气的冲动了。记住，生气、烦躁的时候不妨倾听自己内心的那个声音吧。

"我真的不想再过这种折磨人的生活了……"佳佳无奈地揉着太阳穴说道。

每天，佳佳像一个陀螺一样，不停地转啊转啊。早上六点三十分起床，七点早读，中午十二点匆忙回家吃午饭，晚上六点放学后，在路边买个烧饼，就直接去各种兴趣班上课。兴趣班下课后，佳佳拖着疲惫不堪的身体在晚上八点多才能到家。这时，她还不能睡觉，必须得完成学校布置的作业……

唉，这种生活好累好累啊！已经晚上十点了，明天语文老师要抽查课文背诵情况，佳佳还没有背呢。于是，她打起精神，

拿起语文书背起来……

其实，并不是爸爸妈妈给佳佳安排这么多兴趣班，而是佳佳自己要求的，因为她想让自己在各方面都表现得很优秀。

也许是压力大，也许是太累了，这学期开学后，佳佳变得特别敏感，很容易发脾气。如果老师上课没有表扬她，她会生气；如果她的作业没有得到"优秀"，她也会生气；如果有同学计算速度超过她，她更会生气！

除了为学习生气，在生活上，佳佳变得斤斤计较。这不，课间休息的时候，后排的同学打打闹闹，佳佳便忍不住怒吼："别吵了！"

同学们吃惊地看着佳佳，问："你怎么火气这么大？"

"哼！"佳佳不想回答他们。

能不气吗？下周是国庆长假，可是佳佳的假期

已经被兴趣班占满了。

"小梦，听说国庆你要和妈妈去桂林玩？"琦琦拉着小梦的手问，"哇，听说那地方特别好玩！"

"嗯，我去了多拍几张照片给你看哦！"小梦冲琦琦笑笑，然后问琦琦，"你国庆去哪儿玩？"

"我和爸爸妈妈去乡下看望爷爷奶奶。你知道吗？我爷爷家门前有一条河，我可以在河边钓鱼哦！"琦琦说到这里，拍拍小梦的肩膀，"小梦，如果我钓到大鱼，回来就请你吃红烧鱼块！"

"好呀！"

听着琦琦和小梦的对话，佳佳感觉百爪挠心。别人假期都出去玩了，她却不能去，还是自己要求的。唉，真是自找苦吃啊！佳佳无奈地叹息。

"佳佳，你国庆去哪儿玩？"小梦和琦琦走过来问。

不知为什么，看到小梦和琦琦，佳佳心底一阵反感，心想：你们要出去玩了，你们开心了，来问我干什么？我又没时间玩！想到这里，佳佳脸一沉，口气生硬地说："玩什么玩！你们除了玩还知道什么？真是不求上进！"

"你！"小梦和琦琦一起愤怒地看着佳佳，佳佳不依不饶，又说："你们两个人真是一对活宝！整天不是玩，就是吃零食！我不想理你们！"

"你怎么这样！"小梦和琦琦一起说

道。佳佳则立刻摆出架势，和她们吵起来。

不一会儿，她们的吵架声便将班主任引了过来。

"怎么回事？"班主任没好气地冲佳佳说道，"佳佳，你是班干部，怎么能带头吵架？你这样怎么给其他同学做榜样？"

"是她们先来惹我的！"佳佳指着小梦和琦琦。

"我们惹你什么了？我们不过是问问你假期去哪儿玩，你就挖苦我们！"小梦和琦琦的回答立刻得到周围同学的附和。

"是的，这次是佳佳不对！""佳佳怎么莫名其妙就发火了？""佳佳怎么张口就讽刺人？"

"我……"佳佳低下头，有些尴尬地看着自己的鞋。

"佳佳，有什么话不能友好地说呢？"班主任见佳佳低下头，口气缓和下来，"放学后，你到我办公室来，我们好好谈谈。"

放学后，佳佳背着书包匆匆忙忙地跑进班主任的办公室。唉，今天要去上舞蹈课，班主任如果说的时间太长，上课肯定迟到。想到这里，佳佳一进办公室，便主动对班主任说："老师，今天的事情是我不对。我保证以后不乱发脾气了！"

　　"我想你发脾气是有原因的，对吗？是什么原因呢？你自己想过吗？"班主任不紧不慢地拉着佳

佳，示意佳佳在她身边坐下。

"我……"佳佳歪着头想了想，"可能是事情太多，所以人有些急躁吧！"

"为什么要给自己这么大压力呢？"班主任指着窗外，"瞧，秋高气爽，正是外出与大自然亲近的好时节！"

"我……"佳佳看看班主任，低下了头。

班主任接着说："你心情烦躁都是因为你让自己肩膀上扛的东西太多了！记住，量力而行，少扛些东西，你会轻松、愉快很多！"

"嗯！"佳佳冲班主任点点头。她决定将课外兴趣班重新选择一遍，如果是自己确实喜欢的，就继续参加，其余都取消。

走出班主任的办公室，佳佳的心情舒畅极了。

"佳佳，今天不急着去上兴趣班了？"有同学冲佳佳招手。

"谢谢你的关心，我跑快些，能赶得上！"说完，佳佳冲那个同学笑笑。

"嘿嘿，好久没看见你笑了！"同学回给佳佳一个微笑。

佳佳心想：何必总发脾气呢？发脾气岂不是和自己过不去？想到这里，佳佳又笑了，当然，这个笑是送给她自己的哦！

来自内心的声音

　　情绪是人内心世界的一种表现，良好的情绪有利于身心健康发展，所以，女生要学会调节和控制自己的情绪。

　　我们在日常生活和学习中，无论做什么事情都会带有情感：当学习取得进步时，我们会感到喜悦；当失去珍贵的东西时，我们会感到惋惜；如果愿望实现不了，我们会失望，进而会愤怒；如果来到一个陌生的环境，我们会感到局促不安，心生胆怯……这些都是来自我们自身的情绪活动。

　　积极健康的情绪，对人体有好处。它们可以让我们更有活力，精神更振奋，学习效率更高。但一些负面情绪，可能给人带来不利影响。如果人长期处于负面情绪中，会引发多种疾病。

女生要学会适当地表达自己的情绪。如果朋友迟到，你因为担心而生气，这时你可以委婉地告诉她："你过了约定的时间还没到，我很担心你。"

女生要学会倾听来自自己内心的声音，不是去除或压

制情绪，而是在觉察情绪后，调整情绪的表达方式。学着觉察情绪，是情绪管理的第一步。以适当的方式在适当的情境表达适当的情绪，才是一个阳光女孩应该做的事情。

当你想生气时，你不妨问问自己：生气是自己的本意吗？自己为什么要生气呢？

知道了生气的原因，要学会用适当的方式来释放不良情绪。释放不良情绪的方法有很多，有些人会痛哭一场，有些人会找好友倾诉一番，还有些人会逛街、听音乐、散步或读书。释放不良情绪的目的在于给自己一个宽容自己和他人的机会，让自己好过一点，也让他人好过一点。选择适合自己且能有效释放不良情绪的方式，你就能够控制情绪，而不是让情绪来控制你！

女生小攻略

如何调控好情绪

在人的心理世界中，情绪扮演着重要的角色，它像染色剂，为我们的生活染上各种各样的色彩；它又像速度调节器，让我们的生活加速或减速地进行。如何调控好自己的情绪，不让自己的人生变得灰蒙蒙的呢？可以参考以下方法。

1. 以积极的心态面对生活，做情绪的主人

你坐车到十字路口刚好遇上红灯，从消极负面的角度去看，你可能会说："真倒霉，怎么刚好到我红

灯就亮了！"而从积极正面的角度去看，你可能会说：
"真好，下次绿灯亮时，第一个过去的就是我！"

一次考试失败了，从消极负面的角度去看，你可能会说："我真笨，那么多题都没做对！"而从积极正面的角度去看，你可能会说："这次没考好，暴露了我学习中存在的问题，非常及时。"

面对同样的环境和困难，不同的人在情绪反应上有很大的差异。积极向上和胸怀宽广的女生，能做到不以他人的喜怒、刺激来决定自己的情绪，不会因为区区小事而忧心忡忡，当挫折与不幸降临时，也能经受得住，不会沉溺于消极的情绪之中。

2. 热爱生活，保持乐观态度

遇到困难和挫折，要以乐观、积极的态度去面对，相信问题总会有办法解决，从而勇敢地面对现实，努力进取，对前途充满信心和希望。持这样的乐观态度往往会产生积极情绪。

从身边的小事中去寻找快乐，从消极的事情中也能找到积极的意义和价值。从学习和生活中发掘乐趣，读书、写字、唱歌、绘画、体育活动等都会使人开心，让人充满乐观态度。

3. 合理宣泄负面情绪

适当发泄积存在心中的负面情绪，有助于消除心中的烦恼、压抑，从而变得心平气和。

倾诉是一种良好的情绪疏通渠道。当遇到烦恼和不顺心的事情，不要把心事深埋心底，而应把这些烦恼向父母、老师、好朋友倾诉，寻找积极消除负面情绪的渠道和方法。生活中有烦恼是常事，把所有的烦恼都闷在心里，只会令人心情苦闷，有害身心健康。如果把内心的烦恼向知心、可信的人倾诉，并积极改善自己不好的认识和观念，心情就会舒畅。

4. 学会积极的心理暗示

女生在与人交往的时候，要保有宽容之心，遇事不要用吵架的方式解决问题，可以商讨和交流意见，

用平和的谈话方式处理矛盾和纠纷。当你想发火的时候，不妨告诫自己："生气只会让事情更复杂！"努力让自己保持健康良好的情绪。

在遭遇挫折时，要学会看到挫折的正面价值和带来的成长经验，并进行持续的积极暗示。在进行自我暗示的时候，给自己塑造一个积极的形象。通过自我暗示，可以调整自己的心境，起到非常积极的作用。比如，在每天早起时，给自己一些开心、快乐、自信、成功的心理暗示，会对一天的情绪产生积极影响。

5 一个人的世界并不精彩

与人交往可以倾诉内心的烦恼，释放负面情绪，因此，成长中的女生没有理由拒绝朋友。记住：一个人的世界并不精彩，我们需要享受大家的关怀和温暖。

班里的同学都说兰新是个没有朋友的人，可是，无论别人怎么议论，兰新自己清楚，她有一个最贴心的朋友——小猫咪咪。

长相甜美的兰新看起来和其他女生无异，可是熟悉她的邻居总会叹息："兰新是个命途多舛的苦孩子！"

十岁那年，一场车祸让兰新的爸爸变成植物人。突如其来的变故，让兰新的家彻底变了样。本来在家全力照顾兰新的妈妈不得不外出找工作，因为很久没工作了，妈妈只能在超市找了份营业员的工作。面对家庭的日常开销，还有爸爸长期的医药费，妈妈不得不在下班后还去小区兼职做保洁员。

小小年纪的兰新在一夜间变成了小大人。放学后，她不但要照顾爸爸，还得分担家务活。

当楼上的同龄孩子下楼玩耍或者练习钢琴的时候，兰新却站在厨房里淘米、洗菜，忙着做饭。晚上，当爸爸需要喂药、擦身的时候，兰新又是妈妈的得力助手。

熟知兰新家庭情况的邻居总会用怜悯的目光看兰新，而她对此却分外反感。为了不让班里的同学可怜她，兰新很少和同学说家里的事情，甚至都不主动和同学说话。

坦白说，兰新也没有时间和同学玩或交流。

放学后，别人可以去玩耍，而她却得匆匆去菜市场买便宜菜，去医院帮爸爸拿药，或者回小区帮妈妈做保洁工作。

每天忙完家务，兰新才能坐在小小的书桌旁写作业。

那天大雨，兰新去楼下扔垃圾的时候，发现墙角有一只湿透了的、可怜的小猫，恻隐之心油然而

生。兰新将小猫带回家，妈妈体谅她，答应她收养这个"小可怜"。小猫很快成了兰新最好的伙伴，她叫它咪咪。

有了咪咪，兰新更不愿意和班里的同学交往了。当兰新感到寂寞的时候，咪咪会依偎在她的身旁，听她说心里话。兰新在空闲的时候喜欢画画，她觉得在画中可以融入自己想说的话、想倾诉的情感。

美术老师经常在班里公开赞美她的画。这天，美术课刚开始，美术老师便兴冲冲地举着一张邀请函跑进了教室。

"兰新，兰新，你的画在全国大赛中获奖了！"美术老师把邀请

函递给兰新，"看，这是让你去北京参加颁奖仪式的邀请函！你是一等奖！一等奖哦！"

"哇，兰新好厉害！"

"哇，想不到她居然是个小画家！"

"哇，能去北京，好羡慕哦！"

周围的同学第一次对兰新流露出羡慕和嫉妒的目光。兰新呢，内心很激动，很骄傲，她兴高采烈地带着邀请函跑回了家。推开门后，她的心又一下跌到了谷底。

看着床上毫无生气的爸爸，她的眼泪一下子掉了下来。家里这种情况，她怎么能去北京参加颁奖仪式呢？出这趟门，得要路费，得住酒店，还有，自己出门了，妈妈一个人能照顾好爸爸吗？各种担心让兰新拿着邀请函犹豫不决。

"去！你一定要去！"妈妈得知兰新获奖的消息特别高兴，"这是你的荣誉！到了北京顺便四处看看、玩玩！家里的事情你不用操心。"妈妈看向床上的爸爸，接着说，"你爸爸也高兴呢！"

"是吗？"兰新也看向爸爸的脸，奇怪，为什么爸爸看起来好像在笑？

就这样，兰新踏上了独自去往北京的路。

在火车上，兰新遇到了同去北京参加颁奖仪式的宜林。

宜林也是一个人去北京，和兰新的情况不同，她一个人去不是为了省钱，而是想锻炼一下自己的独立能力。

宜林很活泼，对着兰新问长问短，兰新有一句没一句地回答着。

"我觉得你很闷哦，怎么，有心事？"

"没有，我习惯了。"

宜林对兰新越发好奇了，接下来的时间，她悄悄观察兰新。

"你是一个孤独的人吧？"在回家的站台上，临分别的时候，宜林看着兰新问。

"你为什么这么说？"兰新反问。

"因为从你的眼睛里，还有你的画中，我读到的都是孤独！"宜林拍拍兰新的肩膀，"嘿，笑一个！从现在开始，学会交朋友吧！"

说完，宜林冲兰新伸出手："我要做你的第一个朋友！记住，在城市的某个角落，你有一个叫宜林的朋友！"

"我……"兰新犹豫了片刻，终于把手伸了过去。

当两个女生的手握在一起的时候，宜林用力抓

着兰新的手摇晃了好几下。不知为什么，兰新觉得
这次握手给她带来了一种前所未有的幸福感。

在回家的路上，兰新想起了宜林的话："从现
在开始，学会交朋友吧！"

回家放下行李后，兰新背着书包决定去上下午
的课。临出门的时候，她想了想，抓起了桌上的
奖杯。

"这是我的奖杯！"她腼腆地站在教室门口说，

"我回来了！"

"哇！我看看，
我看看！"

"让我摸摸大
奖杯！"

"厉害，厉害！"

"兰新，给我们
说说你一路上的见

闻和在北京的趣事吧！"兰新第一次被大家簇拥在中心，同学们都热切地看着她。

"嗯！"兰新的眼睛一下子湿润了，她觉得以前的自己很傻，周围有这么多同学，为什么自己没有和他们成为朋友？宜林说得对，从现在开始，学会交朋友吧！

从这一刻开始，兰新变了。她和班里的同学说话、交流，教其他同学画画，加入黑板报宣传小组，放学和同路的人一起回家。她不再孤独了，当然，她没有因为不再孤独而冷落小猫咪咪。只是，现在兰新对咪咪说的最多的话是："我今天真高兴！"

这天是周末，宜林约兰新一起去看画展。她们见面后都露出了幸福的笑容。

一个人的世界并不精彩，有朋友的日子才快乐。

为什么会萌生孤独感

在长大的过程中，女生会变得越来越敏感，心底积压的秘密也渐渐变得多起来。

父母的关心不再像过去那样暖融融地可以让人打开心扉，反而让人觉得唠叨刺耳；老师呢，变得越来越严厉，让人害怕靠近；就连平时要好的同学，现在也不那么亲密无间、无话不谈了。

自己一肚子的心事，到底该和谁说呢？

总会有女生感叹："没人理解我！""我好孤独！"

为什么会感到孤独呢？

因为在从儿童向成人转变的过程中，女生会经历一个过渡阶段。在这个阶段，有关自己和社会的各种信息纷至沓来，女生需要不断思考，最后确定自己的人生目标。一开始，女生往往不知道自己想干什么，能干什么，自己是一个什么样的人。同时，肩上的负担加重了：想成为被同学接纳和喜爱的人，希望得到老师、家长的尊重与信任……要在不同的环境中扮演好相应的角色，对女生来说可不是

一件轻松的事情。作为女生，在这些环境中极力想表现得独立和成熟，一方面特别需要和别人探讨与交流，一方面又不愿意敞开心扉，这时问题便会出现。

孤独感源自女生自我意识的发展。随着年龄的增长、社会经验的丰富和自我探索的深入，女生会慢慢适应周围的环境，逐渐变得对自己有信心、有把握，能够游刃有余地扮演好各种角色。当女生变得成熟后，那些莫名其妙的孤独感就荡然无存了。

女生小攻略

化解成长中的孤独

成长中的女生，很容易产生孤独感，当自己的想法得不到别人的认同，当最好的朋友和自己闹别扭时，女生都容易产生孤独感。当然，随之而来的，便是各种消极的情绪。

当孤独感来袭时，女生该怎么巧妙化解呢？

1. 幻想法

女生天生好奇，想象力丰富，总是容易接受新观点，对女生来说，换一种心境会更容易一

些。所以女生可以试着用心理暗示的方法来解决孤独的问题。

比如，想象"蓝天白云下，我坐在平坦的草地上"或"我舒适地泡在浴缸里，听着优美的音乐"等，都可以在短时间内让人放松，转移人的注意力，不再想"我很孤独"，从而排除孤独感。

2. 打电话

心理学家认为，交流是化解孤独的最好办法。拿起电话，给你远方的朋友打个电话吧，说一说你最近遇到的愉快的事和不愉快的事，讲一讲你班里同学的趣事，聊一聊你身边的故事……你会发现，即使相隔很远，你依然能和朋友笑成一团，如此一来，孤独感就渐渐消失了。

3. 社交法

多和人相处，主动与人交流，结交朋友；和朋友、家人在一起，参加集体活动，积极投身到活动中。即使是独处，也可以做一些感兴趣的事情，让自己沉浸其中，享受其中的乐趣。

4. 读书法

在书的世界遨游时，一切忧愁、孤独与悲伤便抛诸脑后，烟消云散。读书可以使人在潜移默化中逐渐变得心胸开阔，气量豁达，不惧压力与孤独。

5. 改变法

积极乐观地看待人和事物，改变自己不合理的信念，避免产生不合理的负面情绪。同时，要想别人热

情地对待你，你就得先热情地对待别人。主动和别人交流，学会欣赏和喜欢别人，也让自己被别人欣赏和喜欢。

积极面对生活

很多时候，困扰女生的并不是周围的人和事，而是自己的心情。一个人想要改变环境是很难的，能快速改变的是自己的心情。

夏夜，燕子和妈妈吃完晚饭，妈妈安排燕子练钢琴，自己去楼下办事。

"好好练琴，别偷懒！"妈妈叮嘱燕子后，出了门。

燕子坐在钢琴前，看着面前堆着的各类乐谱，眉头拧成一团：什么时候才能弹完这些呢？如果不是窗户开着，这个房间几乎被惆怅、烦闷塞得快要爆炸了。

窗外不时传来喧闹声，燕子知道，那是一群和自己差不多大的孩子在小区的游乐场玩呢！

为了准备钢琴考级，她不得不利用课余时间坐在钢琴前练习。

燕子看着乐谱弹奏起来，谁知，一段还没结束，客厅的电话突然响了起来。

"你好！"燕子走出来接电话，"请问你找哪位？"

　　"喂！是张经理吗？"电话里，一个有着粗暴大嗓门的人冲着燕子大喊，"我们的工资什么时候发？再不发，我们可要饿死了！"

　　"对不起，你打错了！"燕子对着电话说完，啪一下挂了电话。

　　燕子继续练习刚才的乐章，这时电话又急促地响了起来。

　　不等燕子说话，电话里立刻传来刚才那个粗暴的声音："张经理，你行行好，我们再拿不到工资，一家老小都

要饿死了！"

"喂！你打错了，这儿不是张经理的家！"燕子对着话筒大声说，"请不要再打来了！"燕子挂掉电话，走到琴凳边，还没坐下，电话又响了起来。

"张经理！张经理！"电话里依然是那个大嗓门。

燕子忍不住打断他："喂！我和你说过了，你打错了！这不是张经理的家！"

"怎么不是？我按张经理的名片拨的号码！你快让张经理接电话！你告诉他，不要躲着我们，我们一定要拿到工资！我们都等着这钱呢！"

电话那头的人焦躁不安，燕子心想：一定是哪个黑心的经理欠了工人的工资，惹怒了工人！唉，工人真可怜。燕子心里有些同情这个大嗓门，但是她此刻的心情也不好，因为她正忙着练琴呢。于是，她尽量用友好的口气说："你把号码拨错了，请不要再打来了！"说完，燕子再次挂掉了电话。

放下电话后，燕子没有立刻离开，而是站在电话边等了一会儿，生怕那个人又打来。还好，等了片刻，电话始终沉默着。也许他发现确实是自己拨错电话了吧。

燕子舒了一口气，重新坐到钢琴前弹奏起来。

燕子在钢琴上熟练地弹奏着。一个小节，一段乐谱，她弹得流畅而轻盈。当她弹奏到柴可夫斯基的《四小天鹅》时，电话又响了起来。

"喂，"燕子抓起电话，刚开口，话筒里便再次传来一阵暴躁的怒吼："张经理，你……你躲我，

我可不会饶了你！你敢赖我们的血汗钱，我……"

燕子听到这一声声怒吼，气得脸通红，她对着电话大喊："我都告诉你多少次了，你——打——错——了！"

啪！燕子用力挂掉电话，手直哆嗦。

燕子再也无法忍受了，她抓起电话，拔下了电话线。

"这下你打不进来了吧！"燕子解气地冲着电话说。

没有了电话的干扰，燕子练得很顺畅。

"燕子！"突然，妈妈从外面大喊着冲进来，"家里的电话怎么没人接？"

"我……"燕子指着电话，"我把电话线拔了！"

"好好的拔电话线干什么？"

"刚才有个人一直打我们家的电话，吵得我没法练琴，所以……"

"电话是我打的！"妈妈的嗓门扯得老高，"我在小区门口看到有人卖新鲜的莲蓬，我想问问你喜不喜欢吃，如果喜欢吃，我多买些！谁

知，我打了半天电话，也没人接……"原来，妈妈打不通电话，正憋着一肚子气呢。

"不就是莲蓬嘛，我不吃也没关系！"燕子不高兴地说，"您生这么大气干什么？"

"我生气？我见电话没人接，还以为你在家出了什么事！"妈妈指着脚说，"吓得我一路小跑赶回来，谁知，一不小心在楼梯口摔了一跤，弄伤了脚踝！"

"您自己弄伤自己，不应该怨到我身上！"燕子觉得妈妈把责任推给她，太没道理了，忍不住和妈妈顶撞起来。

"你……你怎么这样，我白养你了！"妈妈揉着脚踝，指着燕子一阵数落。

听着妈妈的数落，燕子忍不住捂住耳朵。

就在这时，门被推开了，是爸爸回来了。他一进门，便看到妈妈和燕子剑拔弩张的架势。

"怎么了？和我说说，你们这是怎么了？"

爸爸听了事情的原委后，不禁笑起来："这么点小事，动怒干什么？"爸爸一边劝，一边接上电话线。谁知，这电话线刚接上，电话便响了起来。

"喂，"爸爸接起电话，电话里那个粗暴的声音又来了："张经理！张经理！我求求您，把拖欠我们的工资给我们吧！"

"师傅！"爸爸拿着电话，一个劲地说，"我姓李，不姓张，我们这儿也没有张经理。您打错电话了，麻烦您好好核对一下号码！"

"错了？不可能，我再看看名片！"沉默了几秒钟后，那个人不好意思地说，"确实是我看错了，号码最后三位是629，我给看成了620！抱歉，抱歉！"

事情弄清楚了，电话挂了后再也没有响起来。

"燕子没说错，你错怪她了！"爸爸笑着对妈妈说，"遇到这么一个不停打电话的人，是该拔了电话线。"

妈妈没有当着燕子的面承认自己的错误，她对爸爸说："你先给我的脚踝抹点药吧！"

看着妈妈一瘸一拐地和爸爸回房间，燕子忍不住想：唉，妈妈受伤一定很疼吧？我怎么一点也不关心她，还说出伤她心的话呢？想到这里，燕子蔫蔫地回到了自己的房间。

"燕子，我能进来吗？"爸爸站在燕子的房间门口问。

"可以。"

"我听妈妈说，你刚才和她说的话又冲又气人？"

"我……我一下没控制住，就……"燕子指着钢琴上的乐谱说，"唉，我正练得起劲，那个人不停地打电话，搞得我火冒三丈。"

"其实，遇到这种事情，完全没有必要生气！"爸爸摸摸燕子的头接着说，"你之所以怒气冲天，主要是因为内心杂音太多，因为心静不下来，所以才会变得烦躁、易怒！来，我教你几个控制自己情绪的小妙招吧！

"第一，对自己笑笑，告诉自己：这不过是鸡毛蒜皮的小事。

"第二，有冲突的时候，不要冲动，努力让自己平静面对。

"第三，面对误解，不要气愤，先对自己说一句'他冤枉我了，我要慢慢解释'。"

爸爸说完这些，又对燕子说："要学会自己去调节情绪，毕竟生气的人是你，而不是别人哦！"

　　燕子点点头。等爸爸走出房间后，她在心里想：我刚才心浮气躁，怒气冲天，还不是怕钢琴考级不过关？我为什么怕不过关呢？如果我好好练习，肯定能过关，毕竟我投入了大量的时间和精力呀！

　　想到这里，燕子又开始练琴了，刚才的不愉快一扫而光，她投入乐曲中，甚至窗外不时传来的喧闹声也变得越来越远，越来越模糊……

刷刷姐姐
有话说

用积极的态度面对生活

人可以通过改变自己的心态继而改变自己的人生。心态决定人生，也决定了人的生活方式，有好心态就有好心情，拥有好心情就能用心做好身边的每一件事。生活带给我们的挫折和幸福，我们都应该学会去享受。用好心态去把握短暂人生的每一分、每一秒，你会发现人生的每一天都阳光灿烂。

人的心态影响人对周围事物的看法。当你面对新环境时，要勇于接受，如果自己无法改变所处的环境，不妨学会适应。只有用这样的心态面对生活，生活才会变得轻松、愉快。

人心仿佛一面双面镜，一面是消极心态，一面是积极心态，使用这面双面镜的哪一面，取决于你自己。消极心态会带来苦恼、焦虑、痛苦，而积极心态则会带来幸福、快乐、自信。

曾经有心理学家统计，一个人每天大约产生上万个想法。如果你拥有积极的心态，那么你能乐观地、富有创造力地把这上万个想法转换成正能量；如果你的态度是消极的，你就会显得悲观、软弱、缺乏安全感，同时可能把这上万个想法变成负能量。

消极的人让环境控制自己，喜欢盲目服从别人的安排，在这样的情况下，这种人无法控制自己的命运，常常无法避免失败和挫折；相反，积极的人总是以不屈不挠、坚韧不拔的精神面对困难，成功是指日可待的。积极的人总是用最乐观的精神支配、控制自己的人生；消极者刚好相反，他们的人生总是处在过去种种失败与困惑的阴影里。

当然，不是每一件事情都必须由自己选择，也不是每一件事情都可以由自己主导。在选择积极心态的同时，我们必须明白：有勇气改变可以改变的事情，有胸怀接受不

可改变的事情，有智慧分辨两者的不同。只有这样，你才能保持平和的心态，你的心情才会晴空万里。

女生小攻略

如何培养积极心态

一个人能在成功的道路上走多远，由他的心态决定。一个人的心态在很大程度上影响了他的人生。

那么，如何才能保持积极的心态呢？可以尝试从以下几个方面做起。

1. 言行举止像你希望成为的人

许多人总是等到自己有了一种积极的感受才去付诸行动，这可能就有些迟了。积极行动会引发积极情绪，而积极情绪会产生

积极的心态。从一开始就积极行动起来，去努力成为你希望成为的人，心态自然会变得积极起来。

2. 要怀有必胜的积极想法

当你开始运用积极的心态并把自己看作成功者时，你就已经迈出了成功的第一步。

谁想收获成功的人生，谁就要当个好的播种者。决不能仅仅播下几粒积极乐观的种子，就指望不劳而获，而必须不断给这些种子浇水，给幼苗培土、施肥。要是忽略这些，接下来可能就会遭受挫折，消极情绪会像

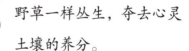

野草一样丛生，夺去心灵土壤的养分。

3. 用美好的感觉、信心与目标去影响别人

随着你的行为与心态日渐变得积极，你会慢慢获得一种幸福感，信心倍增，人生中的目标也越来越明确。别人会因此被你吸引，因为人们总是喜欢跟积极乐观者在一起。运用别人的这种积极响应来发展积极的关系，同时帮助别人获得积极的心态。

4. 使你遇到的每一个人都感到自己重要、被需要

每个人都有一种渴望，即感觉到自己的重要性，以及别人对他的需要和感激。如果你能满足别人心中的这一渴望，他们就会对自己、对你抱有积极的态度，一种"你好，我好，大家好"的局面就可以形成。人生最美丽的补偿之一，就是人们真诚地帮助别人之后，同时也帮助了自己。

7

让心灵放松

有什么样的心理就有什么样的努力，有什么样的选择就有什么样的结果。要想获得进步，首先要调整自己的心理状态，从压力和不快中走出来，向着愉快的生活前进。

　　佳佳是一个来自小县城的学生。以前，在小县城的时候，她一直是人们称赞的乖女孩、好女孩，在学校，她的学习成绩十分优异。佳佳进入这所省级学校的毕业班主要是凭借她的实力。

　　刚进校时，佳佳的学习成绩还算不错。但英语是她的弱项，因为县城的英语教学条件与城市有天壤之别，所以在这一学科上，她与同学们的起点完全不一样。

　　"佳佳，你只有更加努力，才能有光明的未来！"爸爸妈妈总是重复着这句话，这让佳佳压力很大，她不得不拼命地学习，特别是在英语这一科目上，她付出的时间和精力格外多。

　　一个月过去了，佳佳不知道是方法不当还是什

么原因，不但英语成绩没有提高，语文和数学因为没时间顾及，成绩也开始走下坡路。

糟糕！佳佳在阶段测验中意识到自己顾此失彼后，惊出一身冷汗。但是越急着想把成绩提高，就越提高不了。佳佳非常着急，每天都处在一种自责的情绪当中。而这种不良情绪让她的学习成绩越来越糟糕。

"佳佳，你一定要为咱们家争光啊，你可是咱们家的希望！"

"佳佳，你一定要做班里最优秀的学生，整个县城的人都知道你进了省级学校哦！"

"佳佳，你千万不要让爸爸妈妈失望哦！我们都是为了你！"

在家里，佳佳的耳边不时围绕着妈妈的唠叨声。这些充满期待和希望的话，让佳佳觉得自己身上压着一座大山。

丁零零，丁零零！电话响了。佳佳接起电话，那边传来县城的同学小凤的声音："佳佳，你是我们县城飞出去的凤凰，我们好羡慕你哦！"

听着小凤崇拜又羡慕的话，佳佳的眼泪掉了下来。

现在的自己早已失去了往日的风采。因为成绩退步，班里的同学在看佳佳的时候，眼神里多了几丝不屑和嘲讽。

"在小县城里成绩好有什么用，到我们这种高手如云的地方，不行了吧？"

"就是啊，她以为自己多了不起，

整天谁都不搭理。"

佳佳和同学们的关系逐渐紧张起来，她渐渐地发现，许多同学开始公开鄙视她这个"县城来的好学生"，而她更在不知不觉中掉入了"漩涡"中。

"佳佳，你能帮我看看这道题怎么做吗？"课间休息的时候，佳佳后排的小斌拿出一本习题册递给她，"这道题我想了一晚上也没做出来。"

佳佳接过习题册，研究了半天也没做出来。

"我……"佳佳满怀歉意地抬起头，却发现小斌正和边上的同学挤眉弄眼。

"哎哟，你不是说你在县城的时候，数学成绩特别好吗？你不是说你经常解出难题吗？怎么，现在不会做了？"小斌无情地嘲讽，羞得佳佳面红耳赤。

"这题很简单，我做给你看！"小斌两三下便写出了答案，让佳佳更觉得无地自容。

　　时间一天天过去，佳佳变得更焦虑，更沉默，成绩也更糟糕了。

　　英语老师已经多次公开批评她，其他老师也对她不断摇头。

　　"佳佳，你这是怎么了？"细心的班主任发现佳佳的情况后找她谈话，"你是不适应还是有什么其他原因，最近怎么会退步得这么厉害呢？"

"我……"佳佳看着班主任，含着泪诉说，"我的英语成绩不好，我想提高，谁知，在短时间内英语成绩没

有提高，语文和数学却退步了！现在，我对任何学科都没了信心，也没有学习的动力，我……我们县城的人都认为我是飞出门的金凤凰，如果他们知道我现在变得这么差，肯定会笑我的。还有我的爸爸妈妈，他们盼着我有出息，如果……如果知道我成绩变差了，该多失望，多难过！"

"佳佳，你给自己这么大的压力，如何能将精力全部集中在学习上呢？"班主任拉着她坐下，耐心地劝慰她，"你现在的状态，需要的不是自责，而是寻找解决问题的办法。你的弱项是英语，因为基础差，你的起点比别人低，所以要快速提高肯定

有难度。我劝你从现在开始，从最简单的单词学起，一点点把基础打牢固。语文和数学，你底子并不差，现在这两门课退步，是因为你心理压力大，阻碍了你的正常发挥。特别是英语成绩得不到提高，打击了你的自信心，让你产生了自卑感，从而影响了其他科目。现阶段，我要求你把语文和数学当成重点，迅速将这两门课的成绩提高，然后再补习英语。记住，人不要过分追求完美，也不要带着低落的情绪去学习。你千万不要认为'一切都太晚了'就轻易放弃，应该看到自己潜力大、后劲足、头脑

灵活、身体素质好、承受挫折能力强等优势，努力赶上去。"

班主任的话仿佛一针强心剂，让佳佳重拾自信，奋力追赶班里的同学。

又一次阶段测验到了，佳佳的语文和数学成绩恢复了原来的水平，英语成绩虽然还是不理想，但和以往相比，有了明显的进步。

"加油，佳佳！"班主任一次次地鼓励着佳佳，令佳佳仿佛有了一盏明灯，指引着她朝美好的目标奔跑。

刷刷姐姐
有话说

走出第一步

心理学家曾说过，人是最
会制造垃圾污染自己的动物
之一。

我们都有清理、打扫房间
的经历，每当整理好自己最爱
的书籍、照片、衣物后，就会
发现：房间原来这么大，这么明亮！

心灵的房间也是如此，如果不把污染心灵的垃圾一点
点地清除，就会造成心灵垃圾堆积，将原本纯净无污染的
内心世界，变得混乱不堪。只有定期"打扫"和"洗涤"，

才不至于使心灵沾满灰尘，才能更好地生活，才能更好地享受学习的快乐和生活的幸福。

清理有形的垃圾容易，而人们内心诸如烦恼、忧愁、痛苦等无形的垃圾却不那么容易清理。清理心灵垃圾不像日常生活中扫地那样简单，它充满挣扎，甚至痛苦。因为，人们害怕承认自己的不足，出于种种的担心和阻碍不愿去清理。

我们需要好好地清理自己的心灵，这样才能轻松、舒心地过日子。清理心灵的方法有很多，而且每个人可能会有自己不同的清理办法，但是，最重要的是自己有信心去面对，敢于走出清理心灵的第一步。

女生小攻略

"心灵垃圾"扫除法

策略一：自我激励

经常告诉自己："我已经做得很好了，对我来说已经不错了。""金无足赤，人无完人。""即使我失败了，人们仍会喜欢我。""犯错误并不意味着做人失败。"要学会记住自己的成绩和进步，并会激励自己。

策略二：说出你的想法

诚实地表达你的意见，这一点很重要。虽然这有可能会惹恼别人或引起争论，但是，如果确信别人的某个请求是不合理的，你就得说出来。当愤怒和挫折无法宣泄时，人就会烦闷，会指责他人或在背后诽谤他人，因此，不能表达自己的意见有时会导致消极的行为，这种行为对健康有害。

策略三：改变生活方式

1. 给自己一个"放松时段"，试着养成放松的习惯。

2. 尽可能地多做令你感到愉快的事情。

3. 不要让压力累积起来。

4. 做到劳逸结合。

5. 坚持维护应有的权利。

6. 不要躲避令你感到害怕的事情。

策略四：学做三件事

1. 学会关门。

即学会关紧"昨天"和"明天"这两扇门，过好每一个"今天"，每一个"今天"过得好，就是一辈

子过得好。

2. 学会计算。

即学会计算自己的幸福和自己做得对的事情。计算幸福会使自己越来越幸福，计算做得对的事情会使自己越来越有信心。

3. 学会放弃。

即要"舍得"。记住，是"舍"在先，"得"在后。世界上的事情总是有"舍"才有"得"，或者说是"舍"了才会"得"，"一点都不肯舍"或"样样都想得到"，必将事与愿违或一事无成。

策略五：学会"三不要"

1. 不要拿别人的错误惩罚自己。

现实生活中有的人一不怕苦，二不怕累，再重的担子都压不垮他，再大的困难也吓不倒他，但是他受不得委屈和冤枉。其实，你受的委屈和冤枉是别人犯的错误，你没犯错。而受不得委屈和冤枉就是拿别人的错误惩罚自己。懂得了这个道理，再遇到这种情况，最好的办法就是一笑了之，不把它当回事。

2. 不要拿自己的错误惩罚别人。

当自己受到冤枉或不公正的待遇后，有人会把气撒到别人身上，冤枉别人或不公正地对待别人。事实上，当你伤害别人时，你也做错了事，你自己也会再次受到伤害。

3. 不要拿自己的错误惩罚自己。

好人也会做错事，好人也会犯错误。人做错了事不要紧，犯了大的错误也不要紧，只要认真地找出原因，认真地吸取教训，改了就好。

8 带着自信的心飞翔

每个人都会遭遇挫折和失败，有人会因此哀伤、难过、寝食难安，有人会将挫折和失败看成人生旅途的调味剂，积极面对，从中获得积极的能量。

✦ ✦ ✦ ✦ ✦ ✦ ✦ ✦ ✦ ✦ ✦ ✦
✦ ✦ ✦ ✦ ✦ ✦ ✦ ✦ ✦ ✦ ✦

　　春春原本是个健康可爱的女生，她的反应很快，做事也非常灵巧，所以大家都喜欢和她交朋友。最令人叹服的是，她那双神奇的手只要放在钢琴键盘上，指尖就能流淌出美妙的乐曲。

　　但是，生活并不总是一帆风顺，一年前，春春突然得了奇怪的过敏症，身上长出了许多红疹子，去了很多家医院，也没有查出变应原。为了治病，医生让春春定期服用激素类药物。

　　慢慢地，春春的病好起来了，可是因为长期服用激素类药物，她变胖了不少。现在看到春春的时候，

你一定会大吃一惊——她总是一边擦着满脸的汗，一边挪动沉重的脚步，勉强追赶着大家。

最让春春伤心的是，她的手指也变得很粗，再也不能像以前那样弹出流畅美妙的钢琴曲了。望着自己粗笨的手指，春春一脸无奈。

原先，春春的座位是在前排的，可是自从变胖以后，她遇到了不少麻烦。

"春春，麻烦你挪一挪，我看不到黑板上的字啦！"课堂上，坐在后排的同学总是这样说。

"春春，请让一让，你挡着我出不去！"

"春春，凳子都要被你压坏了，你听，它嘎吱嘎吱地一直响呢……"

没办法，为了不影响身边的同学，春春主动提出一个人坐到最后一排去。

自从到了最后一排，春春感觉清静了许多，她不再是大家的焦点了，即使是在课堂上做一些小动

作，老师也不会发现。有一次春春太困了，竟然在数学课上睡着了。

身体的变化也带来了春春情绪和心理的变化。刚开始，只要同学们说她胖，她就情绪低落或者生气地指责对方。慢慢地，她就变得沉默寡言，变得不合群了……

钢琴再也没有碰过，成绩也一落千丈，很多时候春春都在想：可能未来我就只能是一个碌碌无为的胖子了。

春春的变化引起了一个人的注意，她就是音乐老师玛雅。

玛雅老师发现春春有一次竟然在音乐课上睡着了，要知道，春春以前是最喜欢音乐课的。于是，她找机会和春春谈心。

"春春，你不喜欢音乐了吗？"玛雅老师问道。

"我……我喜欢！"春春结结巴巴地回答。

"那你为什么不好好听课呢？"

"老师，我……我坐在最后，听不清您说的话。"春春委屈地说。

"好吧，只要你还喜欢音乐，就要坚持自己的梦想。"玛雅老师笑着说，"我们做个约定，好吗？"

"什么约定？"春春好奇地看着玛雅老师。

"以后，在我的课堂上，我会尽量大声地讲课，你也要努力地听讲，好吗？"玛雅老师说。

春春点点头。

玛雅老师是春春最喜欢的老师，她的话春春自然格外在意。从那以后，每次音乐课上，春春始终

盯着玛雅老师，耳朵也加倍认真地听玛雅老师说话。

有一次，玛雅老师提问，春春竟然第一个举起了手。

"很好，虽然你坐在最后面，但是听课最认真！"玛雅老师的话，让同学们对春春另眼相看。

春春也觉察到玛雅老师对自己的关心，忍不住在下课后找玛雅老师请教唱歌技巧和理论知识。春春从小就爱唱歌，她的梦想就是当一位音乐家。

"春春，你坐在最后一排，听课效果应该不好，你怎么反而比我们听得更明白呢？"同学们不解地问她。

"我觉得座位在哪里并不重要，重要的是要利用好自己的学习时间和学习机会！"春春说出了一句非常有哲理的话，她的话让很多同学都愣住了。是呀！如

果想学，坐在哪儿都可以学；如果

不想学，即使坐在老师眼皮子底下，也学不

进去！

　　春春的学习态度赢得了更多的回报。这一年的

校园歌唱大赛，春春夺得了冠军。

　　当校长推荐她到市里参加比赛的时候，春春握

紧拳头对自己说："我一定要把握住机会！"

　　于是课余时间，大家常常能看见春春在校

园里练习唱歌，同学们也被她的执着打

动了。

　　"春春，下周你比赛，我们

给你当啦啦队！"

　　"我们去给你加油助威！"

　　同学们的期待和鼓励，

让春春的心中充满了感激和

女生成长 小红书

自豪。

比赛那天，现场人头攒动。大家蜂拥到入场处，伸长脖子期待着。

"听说要来好几个著名的歌唱家当评委，我们去找他们合影吧！"很多参加比赛的选手也跑过去凑热闹。

和其他参赛选手不同的是，春春没有这么兴奋。她早早入场，在后台的角落里，一次次地练习发声，一遍遍地反复记歌词。

负责比赛的一位老师发现了这个有些"奇怪"的胖女生，不禁好奇地问她："你为什么不像其他人那样去找评委老师合影呢？"

"因为我想趁比赛前，让自己适应现场的气氛，做好赛前准备。"春春说完，继续练习发声。

这次比赛，春春一举夺冠。当主持人宣布春春上台领奖的时候，那位在后台和她说话的老师小声

122

说："孩子，想和我学唱歌吗？我培养了好几个著名歌唱家呢！"

"想啊，老师，谢谢您！"春春的脚踏实地为她赢得了更多。

所以，有时候你要成功，一定要带着自信和沉着冷静，不管遭遇怎样的挫折，都不要丢掉它们。

塑造自信的全新形象

女生在成长的过程中，自信水平会出现下降的情况，这会给女生带来很多消极情绪。

首先，随着年龄的增长，女生在生理方面会有很多变化，如果这时没有对女生做出正确地引导，她们可能会变得害羞，不敢与人交往。有的女生还会因害羞而变得缺乏自信，甚至陷入害羞——缺乏自信——情绪消极的恶性循环中。

其次，女生会更加重视自己的身材、外貌，更加在乎他人对自己的看法。因为女生会不自觉地将自己与他人做比较，如果自己不及他人，便可能对自己或他人产生厌恶感，甚至憎恨自己不及他人。

最后，有的女生会受到学习成绩的影响。她们非常在乎自己的学习成绩，一旦学习成绩有所下降，就会变得忐忑不安，情绪波动大，长期下去，便开始怀疑自己的能力，从而失去自信心。

女生必须塑造全新的形象——自信。自信的女生，敢于面对自己的不足，善于发扬自己的优良品质；自信的女生，会从积极的角度看待自己，产生积极的情绪；自信的女生，对自己能够做什么样的事情、取得什么样的成绩持乐观的态度。女生只有变得自信，才能从容面对成长过程中可能遇到的失败和挫折，积极应对未知的挑战。

女生小攻略

如何树立自信心

缺乏自信是女生成长道路上的绊脚石。怎样才能树立自信心呢?

1. 为自己打气

缺乏自信的人,对自己的能力经常表示怀疑,结果可能由于紧张、拘谨,把原来可以做好的事情搞砸了。比如,有些人平时成绩不错,但是一遇到比较重大的考试就紧张起来,害怕自己考不好,结果脑子里一片空白,以前会做的题都给做错了。而那些自信的人，就很少遇到这样的情况。这是因为他们自信心比较强，不像缺乏自信的人那样，还没开始做，就觉得自己做不好，他们的精力都集中在如何答题上，所以比较容易发挥正常水平，甚至超水平发挥。

缺乏自信的人在做事情之前应该为自己打气，相信自己可以成功，只要自己能努力发挥正常水平就可以了。抱着平常心去面对一些挑战，便不会留下什么遗憾。

2. 做好充分的准备

自信不是凭空产生的。如果要参加一个考试，但是你一点都没有复习，那么再自信的人也不敢说自己一定能考好。

对于本来就缺乏自信的人来说，每一次失败都可能是一个重大的打击，所以每做一件事情之前，都应该做好充分的准备，这样才能为自己树立自信心打下基础，为取得成功提供可能。而每一次成功都会成为缺乏自信的人尝试下一个挑战的动力，这样就能形成

良性循环，使自己越来越自信，越来越敢于尝试新的东西，迎接更多的挑战，赢得更多的成功体验。

3. 找到失败的原因

每当遇到失败，缺乏自信的人往往垂头丧气、耿耿于怀，他们总是消极地认为自己能力不够，或者不够聪明，对自己产生怀疑，无形中也压制了自身的勇气和创造力。这对树立自信心无疑是一个打击，在以后遇到类似的任务或者更具挑战性的任务时，他们就会选择逃避、放弃。

如果能对失败进行积极客观的总结，那情况可能就大不一样了。比如，当遭遇失败时，不灰心丧气、一蹶不振，而是冷静地分析自己哪里做得不好，为什么会这样，然后努力把事情做好。

4. 积极主动地与人交往

缺乏自信的人往往因为胆怯而不敢与人交往，结果他们的朋友圈子很小。很少与人交往，并不是他们不愿和别人交往，而是他们认为自己是不受欢迎的，别人不愿与他们交往。如果形成了消极的自我暗示，那他们在行动上就会有意无意地表现得让人难以接近。所以，缺乏自信的人应时刻告诉自己：我很受欢迎，然后积极主动地与人交往。多与人交往，有助于找到自信哦！

5. 注意肢体语言

所谓肢体语言，是我们的身体姿态、动作、表情等向人们传递的信息。不自信的人不好意思与陌生人说话，面对别人时不敢看对方的眼睛，这时给人传递的信息就会被误解为冷淡、自负，人们会因此避之千里。

其实只要将肢体语言做些调整，就能产生令人吃惊的效果。比如面带微笑、身体前倾、友善地握手、眼睛对视、点头等会使人显得亲切随和。这些都会获得友好的回报，面对陌生人也就不会显得那么紧张了。

9 战胜害羞的奇幻旅程

害羞往往会令我们陷入"交往恐惧"之中。害羞的人要么被视为清高，要么被视为自卑，这些其实都是误解。害羞其实不可怕，因为这是人类性格的一种表现。

　　嫣儿从小就害羞，每次遇到熟人，妈妈让嫣儿跟人打招呼，却发现她早已躲到自己后面去了，连买瓶饮料都不敢自己一个人去。

　　到了青春期，女孩子都有了自己的心思，嫣儿就更加害羞了，这让妈妈发起愁来。

　　为了让嫣儿不再害羞，妈妈精心设计了一次旅行，让嫣儿暑假的时候独自去新疆看望姑妈。

　　看着嫣儿坐着火车缓缓离开站台，妈妈的心也随着列车开走了。

　　到了姑妈家，表姐总是拉着嫣儿到处玩。

去天山的时候，表姐和嫣儿打了个赌，看这一路上谁交的朋友多。嫣儿虽然心里不是很愿意，可表姐是个直性子，说一不二，嫣儿只好赶鸭子上架。再说了，奖品也很诱人，如果嫣儿赢了，表姐会把珍藏多年的一条项链送给她。

　　路上，表姐特意和嫣儿分开坐。嫣儿的身边坐了一个漂亮的女孩。嫣儿心想：怎么和人家开始交谈呢？

　　正犹豫的时候，她的肩膀上突然多了个东西。女孩竟然睡着了，还把头靠在了嫣儿的肩膀上。

　　这可怎么办？嫣儿试着躲了躲，可女孩的头还是靠着，她想推开，又觉得不妥。她就这样静静地

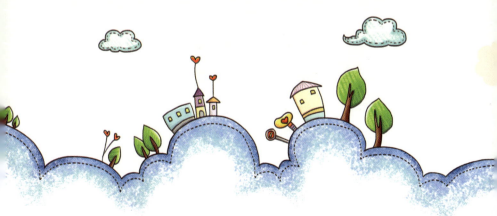

坐着，快到目的地时，女孩才从梦中惊醒。此刻，嫣儿的肩膀和半个胳膊好麻好麻，她忍不住抬手揉揉肩膀，动动胳膊。女孩明白一切后，不好意思地冲嫣儿一笑："我……我很抱歉，你怎么不叫醒我呢？"

嫣儿害羞地笑了笑，不知说什么好。

"我叫阿依娜，你叫什么名字？"女孩向嫣儿介绍自己。

"我叫柳嫣儿。"嫣儿鼓起勇气报出了自己的名字。

阿依娜很开朗，和嫣儿聊了很多，还给她讲新疆的故事，讲天山的美景，嫣儿陶醉地听着，仿佛阿依娜是一个相识多年的朋友。很快，陌生感和羞涩感荡然无存，嫣儿和阿依娜成了好朋友。

时间过得很快，下车时，嫣儿和阿依娜道别。表姐却走过来，拍拍阿依娜的肩膀："你们聊得不错嘛。"

原来，阿依娜是表姐的同学，今天特意相约一起玩的，为了鼓励嫣儿，表姐故意没介绍她们认识。

愉快的新疆旅行结束后，嫣儿又回到了自己的生活中，虽然依然有些害羞，但是，看到陌

生人后，她不再有恐惧感了。

阿依娜会时不时地发来邮件，告诉嫣儿自己家乡有趣的事情。中秋节前，嫣儿还收到了阿依娜特意从家乡寄来的新鲜葡萄。

享受到温暖友情的嫣儿，也学会了和大家一起分享快乐。她把阿依娜送给自己的葡萄带给同学，请大家品尝。

"嫣儿，说说你是怎么认识阿依娜的？"得知这葡萄是嫣儿新疆的朋友送来的，大家对害羞的嫣儿在新疆交到朋友感到很好奇。

一提起阿依娜，快乐就会飞上嫣儿的心头，她有很多想和大家分享的故事，竟然忘记了害羞，滔滔不绝地讲了起来。

"嫣儿，我发现你现在特别开朗，完全不像以前那个害羞的女孩。"同桌小喜惊讶地说道。

"是啊，嫣儿完全像变了个人。"

　　"嫣儿，我看你可以去报名参加学校的朗诵比赛了，没想到你说得这么好，这么有感情。"

　　大家七嘴八舌地夸着嫣儿，可是，一听说参加朗诵比赛，嫣儿却连连摇头："可能是和大家都比较熟悉了，我才不会害怕，参加朗诵比赛是绝对不行的，那么多人看着我，我肯定会很紧张。"

　　虽然嘴上这么说，可嫣儿心里还是非常向往朗诵的。她总是一个人悄悄地朗诵《海燕》，她向往那种在舞台上朗诵的感觉，但是，这样的心事她从来没有和别人说起过。

　　在给阿依娜的邮件里，嫣儿忍不住提起了同学们的提议，还把自己朗诵《海

开朗
朗诵
好评

燕》的视频发给了阿依娜。

很快，阿依娜回信了，她说嫣儿的朗诵是她见过的最动情的朗诵，要嫣儿一定报名参加学校的朗诵比赛。

嫣儿犹豫不决，给阿依娜发信息说自己站在台上就不会说话了。

阿依娜说："我有过朗诵的经验，当你站在舞台上的时候，你只要不看观众，当是在为我录一段视频，你就不会紧张了。"

"不行，要是大家看到我别扭的动作，一定会笑我的。"嫣儿坚持不参加。

"好吧，我们试一下，我把你的朗诵视频上传到视频网站，如果大家都说好，你就去参加比赛，好吗？"阿依娜说。

嫣儿同意了。令嫣儿感到意外的是，自己的朗诵视频在网站上得到了很多好评。

有了大家的肯定，嫣儿终于下定决心，报名参加了学校的朗诵比赛。她想：害羞的我虽然会怯场，但是，有这么多人为我鼓劲、加油，我还有什么好害怕的呢！

　　最终，嫣儿的朗诵一举成功，嫣儿也变得不再害羞了。

刷刷姐姐有话说

努力克服害羞

在成长的过程中，女生要比男生更加容易害羞。

刷刷姐姐认识这样一个女生，她成绩优异，长相可爱，可是她很害羞。她不善于与人沟通，每次跟人说话她的脸都像个熟透的大苹果。有一次，这个女生在路上碰到了妈妈的几个同事，其实她很想上前说声"阿姨，您好"，可是她太害羞了，不敢独自一人跟别人打招呼。于是，她采取了最糟糕的做法——在即将和阿姨们碰上的时候，扭头跑进了旁边的小店。更糟糕的是，关于她不懂礼貌的事情很快在妈妈的单位传开了，妈妈很生气，就回家狠狠地批评了她。女生觉得很伤心，为什么连妈妈都不理解她？可是，她既没有向妈妈澄清，也没有努力克服害羞，而是变得沮丧、消极。更让人觉得不可思议的是，她将这种糟糕的情绪带到了学习中。渐渐地，原本让她自豪的优异成绩也退步了，她遭到了老师的批评……

这个女生的故事让我们惋惜，因为害羞，她被妈妈批评，进而成绩也下降了。也许并不是每个害羞的女生都能像故事中的嫣儿那样，在朋友的帮助下克服了害羞，走上了舞台，取得了让人羡慕的成绩。可是，不管是哪种程度的害羞，都会

给我们的生活带来一些麻烦。

　　女生们，克服害羞可以让人快乐、让人感受到生命的意义，也会带给别人快乐。如果你正好是一个害羞的女生，不妨努力克服它，刷刷姐姐相信，你一定可以得到意想不到的收获。

女生小攻略

如何克服害羞心理

1. 正确评价自己，树立自信心

在日常学习和生活中，应多考虑要怎么做，要如何进取；在各种场合，应大方地表现自己，不要总是考虑别人会怎样看待自己或怎样迎合别人；相信自己在别人心目中的形象并不差，甚至在某些方面还强于别人。

2. 时刻鼓励自己

如果成功克服了一次害羞，不妨记住它，用它来鼓励自己，

做到完全克服害羞。

3. 进行一些社交技巧的训练

先学习怎样打招呼、问候、寒暄、谈话，要学会有问有答，交流时眼睛专注地看着对方，表情自然大方，自尊又同时尊重别人。

4. 学会克制忧虑

多想积极的一面，少想消极、悲观的事情；多想自己的长处，少想自己的短处。不要总是担心自己不够好，要努力让自己变得更优秀。

5. 转移注意力

和别人相处时，可以在手上握一个小东西，哪怕是一块手帕、一支笔或一本书，手里握紧东西可以让你产生一种安全感。这个办法有消除紧张的作用，有助于减轻羞怯感。

6. 做一些放松运动

如果怕失败、怕出洋相，可以做一些有效的放松运动，消除紧张感。比如，做几次深呼吸。运动可以让人消除心绪不宁的感觉，获取自信心，找到良好的自我感觉，有助于克服羞怯。

真正的幸福

幸福其实不在别人的故事里，它就在你眼中。如果你有一颗细腻的心，一双善于捕捉的眼睛，那么，你会深切体会到，幸福正与你并肩而行。

　　人间四月是一个美好的时节，清晨的小路上，阳光透过树叶的间隙静静地倾泻下来，树影、阳光，交错有致，像一幅别有意境的水墨画。

　　校门口，欣欣和往常一样轻吻妈妈的脸颊，微笑着说"再见"。妈妈站在原地，静静地看着欣欣的背影渐渐消失。在欣欣的心里，尽是满足和幸福。

　　可是，就在两个月前，欣欣的心情还是灰色的。

　　过完年，妈妈突然被调到了这个陌生的城市。

爸爸要经常出差，没有时间照顾欣欣，妈妈只好带着欣欣到这里来上学。

要换一座城市，换一所学校，对欣欣来说可不是什么好消息。要知道，所有的好朋友都会与她分开，她要花很多精力去适应新的环境，放学以后，除了妈妈，她没有一个亲人和朋友……这样的日子简直无法想象。

欣欣的担忧很快就变成了现实，摆在她面前的第一个难题就是常常走错路。

欣欣是天生的路盲，从来分不清东南西北，来到这个陌生的城市，错综复杂的"路网"让欣欣一头雾水。

妈妈早上上班的时间比较晚，可以把欣欣送到学校，但是，放学以后，欣欣就要一个人回家了。为此，妈妈特意给欣欣画了一幅路线图，告诉她看那些标志性建筑物，就不会迷路了。

放学后，欣欣拿着路线图出发了，但这个城市有好多十字路口，仅仅过了两个十字路口，欣欣就陷入了慌乱中，她手里的图和眼前的建筑物根本对不上。

欣欣急得满头大汗，再听听身边人的口音，好多都听不懂，她几乎要绝望了。

在路边的一处花坛边坐下来，欣欣呆呆地望着天空想：为什么我一定要到这个地方来呢？我不属于这里，我一天都不想再待下去了。

但是，气归气，她能怎么办呢？后面的路还很长，需要耐力和坚持，否则就不可能到达终点。在这条路上，欣欣是孤独的奔跑者，没有呐喊声，没有支持者，她一个人，忍受着燥热和擦不完的汗水。

生活是残酷的，突然之间，欣欣的生活方式就被改变了。

"欣欣，是你吗？你怎么会在这里？"

这个甜美的声音，如同沙漠中突现的清泉。

"你是……"眼前女孩的面孔有些熟悉，欣欣使劲在脑子里搜寻，但还是没找到答案，或者说，她根本不愿意去想，因为她已经这样认为，在这个城市里，自己是一个孤独的人。

"我是李颖，你的新同学呀。对了，你今天第一天来我们班，当然不会一下子就记住我的名字，

不过，你，我可是记得很清楚的。"

在这里碰到同学，欣欣有点意外。

"你坐在这里干什么，怎么不回家啊？"

"我迷路了，找不到家了。"欣欣有点惭愧地说。

"原来是这样啊，和我一样，我也是个路盲，刚来这里的时候，我也经常找不到路。"

原来李颖也和自己一样，欣欣一下子觉得眼前的这个女孩好亲切，更让欣欣惊喜的是，李颖也不是出生在这个城市。

"你也是从外地来的吗？"

"没错，不仅你我，咱们班里的好多同学都是从外地转来的，我是去年才来这里的。"

李颖的回答给欣欣的心底照进了一缕阳光，欣欣想：我应该也能很快适应这里的。

"你喜欢这里吗？这里的楼太多了，路也太复杂了。"

"嘿嘿，我现在挺喜欢这里的，这里靠近大海，空气很清新，而且一切都是新的，你很快就会喜欢上这里的。对了，我先带你回家吧，告诉我，你家住在哪里？"

欣欣把妈妈的手绘路线图给了李颖，在李颖的帮助下，她很快就找到了自己的家。

和李颖道别后，欣欣的脚步一下子轻快了许多。

在接下来的两个月里，欣欣每天都在发现这个城市独特的魅力，当然，还结交了很多新朋友。

欣欣还在奔跑着，不同的是，她总能看到同行的伙伴们鼓励的眼神、路边瑰丽的风景，她的步子开始踏出了美妙的节奏，每一步都是轻松的，每一步都是幸福的。

珍惜你的微幸福

　　黄昏中，一对好友手挽手一起散步，夕阳都被他们感染了，变得美妙起来。

　　在乡间，生活是这样简单、纯粹。坐在农家小院里，看眼前湛蓝的天空，听虫鸣、闻花香、看炊烟，心中总会漾起满满的幸福感。

　　幸福就是如此，在平平淡淡的生活中，随处可见它的踪迹。幸福平淡如水，不昂贵，不奢华，它来自内心的简约。

　　有一个故事，说两位天神来到人间考察，他们细心地观察着人间的一切。

　　一个衣衫褴褛的乞丐看到一个小男孩左手拿着面包，右手拿着牛奶，吃一口面包，喝一口牛奶。乞丐摸了摸咕咕叫的肚子，咽下一口又一口的口水，羡慕地自言自语："唉，能吃饱饭，真幸福呀。"

　　小男孩看到一个小女孩坐着爸爸的摩托车来到快餐店，买了一个大号的外带全家桶套餐，津津有味地吃着。小男孩看了看自己手中的面包和牛奶，羡慕地自言自语："唉，能吃这么多的美味，真幸福呀。"

　　小女孩坐在爸爸的摩托车后座上，看到一辆漂亮的黑色小轿车从身旁快速驶过。小女孩低头看了一眼爸爸突突作响的摩托车，羡慕地自言自语："唉，坐这么漂亮的车子，真幸福呀。"

　　小轿车里是一个逃犯，他本来在逃避警察的抓捕。可是他终究没有逃脱，被抓捕归案，戴上了冰冷的手铐，被押回了公安局。他透过车窗看到一个乞丐在路上漫无目的地走着，羡

慕地自言自语："唉，可以自由自在，真幸福呀。"

两位天神都很困惑，为什么同样是"幸福"，每个人会有不同的看法呢？

其实每个人从出生起就拥有一把幸福的钥匙。之所以有人感到不幸福，是因为他们用自己的钥匙去开启了别人的幸福之门，给自己增添了烦恼。

在这个故事中，对于食不果腹的乞丐来说，能吃饱饭就是幸福；而对于失去人身自由的逃犯来说，自由自在、无拘无束便是幸福……用自己的钥匙去开启属于自己的幸福之门，这样才能体会到幸福的真正内涵。

女生小攻略

感受幸福的九个步骤

幸福是主观感受，你可以通过下面九个步骤，感受到你的幸福。

1.换一种心情看生活。把亲人、朋友的微笑当成最珍贵的财富，从帮助他人的过程中得到满足，在阅读中与书中的人物共欢乐。

2. 安排好你的时间。把生活安排得井井有条，你会发现自己过得很充实，每一天都很有意义。

3. 积累积极情绪。积极的情绪催人奋进。幸福的人做每件事都是努力积累积极情绪，消除消极情绪的过程。

4. 善待身边的人。要学会很好地对待身边的朋友和家人，让他

们知道你在意他们，需要他们。

5. 面带微笑。多想想你拥有的，你会发自内心地微笑。经常面带微笑，也会让

自己感觉幸福。

6. 不要无所事事。不要总坐在电视机前，不要沉迷在电子游戏中，你应该把精力用在有意义的事情上。

7. 多参加室外活动。因为室外的新鲜空气和鸟语花香能让你放松，消除你的不良情绪。

8. 好好休息。充足的睡眠可以保证你有旺盛的精力，从而做好你要做的事情。做好一件事，你的幸福感就会增加一分。

9. 有理想和有追求的人更幸福。给自己定一个小小的、容易实现的目标，如果成功，你的幸福感就会又增加一点。

11

快乐全能王

快乐来自对明确目标的不懈努力和追求，确立明确的目标，并为之忙得无暇顾及其他的时候，幸福、愉悦、快乐就会降临到你身边。

不知道从什么时候开始，美佳经常感到不快乐，尤其是在生理期那几天。

美佳时常在想：我将来该干什么？我学习的意义是什么？很多事情其实我并没有办法改变。

难道这就是青春期吗？过了青春期就会好吗？青春期是不是特别容易不开心？

美佳的生活其实很好，家人都很爱她，她想要什么爸爸妈妈都尽量满足。可是，她每天都过得很没意思，不知该如何度过。

"我们明天去爬山吧？"吃饭的时候，妈妈提议道。

"没意思，这么热的天，为什么要爬山呢？"美佳摇摇头。

"那去游泳好了。"

　　"游泳池里的人满满的，根本游不开！"美佳根本没心情。

　　"那我们去郊区，到农家乐去玩好了，透透气。"

　　"算了，还不如在家睡觉呢，郊区卫生条件不好，连个厕所都没有。"

　　"你这孩子怎么了？说什么都觉得没意思。"妈妈有些生气了。

　　"我也不知道自己怎么了。"美佳撂下这句话，就回房间了。

第二天，妈妈提出一个令美佳惊诧的建议，她想带美佳去看心理医生。

为了不引起美佳的反感，妈妈说得很小心，很委婉。看妈妈这样为自己着想，美佳勉强同意了。再说，她其实也想看看心理医生，因为她怀疑自己真的出问题了。

医生问完美佳的情况，让她按要求把对自己的评价都写出来。

美佳是这样写的——

自己在别人眼中的印象：内向、沉默、放不开、不易接近、不爱说话、冷漠、不爱笑、不会表达。

自己对自己的描述：一个悲观的人，很敏感、很自卑、很内向，总觉得不快乐，觉得自己不聪明，学习不好，人际关系也不好，和很多同学都没有说过话，甚至对亲人有时也表现得很冷漠。

拿到美佳写的答案以后，医生竟然笑了。

"这很正常啊，几乎所有青春期的女生都会有这样的想法，尤其是在生理期的时候。女生在生理期会变得敏感、易怒，对生活失去信心。"医生继续说，"你唯一缺的就是快乐，我给你开的药方就是两个字——快乐。"

"我也想拥有快乐，可就是快乐不起来。"

美佳有些无奈地说。

医生接着说："那是你不相信自己有快乐起来的能力，要知道，心理治疗最重要的是靠自己，快乐也是靠自己创造的。告诉自己，你觉得很快乐，所有的问题就都可以解决了。"

离开医院后，美佳试着告诉自己："我很快乐。"她的心情似乎真的好了一些，她想，以后的日子，她的快乐会一天比一天多，她会努力让自己变得更快乐。

刷刷姐姐
有话说

快乐的女生最美丽

假如你在长大，不要害怕，不要悲伤，不开心的日子总会过去，请相信，快乐的日子即将来临。

在青春期，有的女生很敏感，眼睛总是盯着自己的缺点；有的女生会把精力都花在关注自己的外貌上，以至于忽视了自己的内在美，甚至影响自己的学业。

其实，所有的女生都是美丽的，只要能拥有快乐，只要能乐观地面对生活，她们就能拥有天然的美，从内心透出的美。

女生们一定要明白，一个人想成为怎样的人，不在于别人，而在于自己。父母也好，老师也好，同学、朋友也

好，这些影响都存在，但更多的改变是靠自己的力量。所以，趁着青春年少的大好时光，用快乐的心找到自己可爱的地方，找到自己的人生方向，这才是你们应该做的事情。

如果你不是一个快乐的女生，请放下心中的烦恼，告诉自己，我要快乐，我很快乐。试着每天给最好的朋友一个短暂的问候，和他谈谈你心中开心的事情，听听他的趣事，也许你就能感受到无限的乐趣，就能体会到无限的快乐。

如果你已经是一个快乐的女生，请记得与身边的朋友、同学分享，告诉他们让你快乐的秘诀，开导他们，让他们从低落的情绪中走出来。你会发现，你身边每多一个快乐的人，你自己愉快的感觉就会更强烈。

快乐会让女生美丽起来，而获得快乐的代价很小，只要你愿意去尝试就可以。

女生小攻略

让自己快乐的秘诀

1.告诉自己，我要快乐。快乐和内心的感受紧密相关，要经常暗示自己：我要快乐。

2.要让自己适应一切而不去抱怨。以这种态度面对生活中的一切，我们就会快乐起来。

3.爱护自己的身体。多运动，照顾好自己，养成良好的生活习惯。快

乐是建立在健康的身体之上的。

4.提升自己的思想。学一些有用的东西，不要做一个胡思乱想的人。看一些有益身心的好书，让自己的精神富足起来。

5.赠人玫瑰，手有余香。帮助他人，看到他人因自己的帮助而快乐，我们也会感到快乐的。

6.做个讨人喜欢的人。衣着要得体，说话有礼貌，举止优雅，善于体谅别人的感受，经常对人微笑。

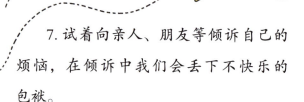

7.试着向亲人、朋友等倾诉自己的烦恼，在倾诉中我们会丢下不快乐的包袱。

8.制订计划。写下每天该做些什么事，也许不会完全照着做，但制订计划可以避免过分仓促和犹豫不决。

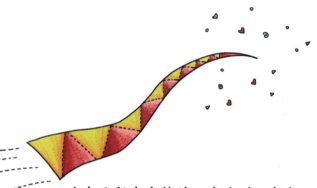

9. 为自己留出安静的一个小时，轻松一番。在这一个小时里，想想美好的事情，使自己快乐起来。

10. 心中毫不惧怕。不要患得患失，要珍惜自己拥有的一切，享受身边的快乐。

刷刷

中国作家协会会员，儿童文学作家，江苏省优秀校外辅导员，江苏省十大优秀科普作家之一。主要作品有《向日葵中队》《幸福列车》《八十一棵许愿树》《星光少年》等。作品入选"优秀儿童文学出版工程"、"向全国青少年推荐的百种优秀图书"、"中国好书"月度好书等，曾获江苏省精神文明建设"五个一工程"奖、桂冠童书奖等。有多部作品被改编为儿童广播剧、儿童音乐舞台剧、儿童电影、百集儿童校园短剧等。